JN109928

ライブラリ データの収集と解析への招待 **6**

実験計画法の活かし方
―技術開発事例とその秘訣―

山田 秀 編著　　葛谷和義・久保田享・
澤田昌志・角谷幹彦・吉野 睦　共著

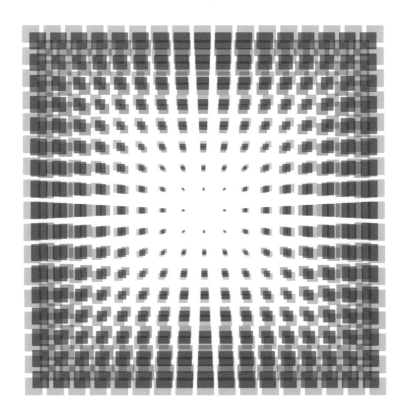

サイエンス社

サイエンス社のホームページのご案内

https://www.saiensu.co.jp

ご意見・ご要望は　rikei@saiensu.co.jp　まで.

まえがき

　人工知能（AI），機械学習など，情報技術の発展とともに注目を浴びているこれらの考え方，手法は，溢れる情報を束ねて結果を予測する時にとても有効です．予測の問題とは，説明変数の水準をもとに目的変数の値がどのようになるかを推察することです．これには，説明変数と目的変数のデータの間に，相関などの何らかの関係があればよく，因果の存在がなくてもかまいません．データ収集の対象たる系への介入は必須ではありませんので，系への介入なしに観察したデータもその対象になります．そのため，膨大な量になることが多く，AI，機械学習などはそれ向けにうまく開発されています．

　編著者である私の統計的手法に関する研究の適用対象は，顧客，社会への製品，サービスを通じた価値提供マネジメントであり，その原点は統計的品質管理です．その中には，予測だけでは解決できない問題が多数あり，典型が製品開発や技術開発時の設計です．設計を単純化して表現すると，応答の値を好ましくする因子の水準を定めるという，系を制御する問題であり逆推定の問題でもあります．制御の問題には，応答と因子の因果関係の存在が必須となり，実験データを適切に収集，解析して，応答と因子の因果関係を定量的に把握する接近法が有効です．製品設計のみならず，技術開発，市場調査，問題解決など，顧客，社会への製品サービスを通じた価値提供のためには，様々なところでデータを計画的に収集し，因果を把握し，それをもとに対策をとる必要があります．このデータ収集，解析に貢献する統計的手法が実験計画法です．

　実験計画法を工業の技術開発に活用するには，方法と実践の両輪が必要です．統計の立場からの実験計画法の書籍は，応答 y，因子 A, B, C とそれらの水準が与えられた下でよい計画をどのように構成するか，また，データを統計的推論に基づきどう解析するかが主眼になります．しかしながら，これだけでは実験計画法を技術開発に活かすことはできません．知見をまとめて技術的課題を明確化し，データ収集と解析に結び付けるという，定性的な分析，要約も重要です．言い換えると，技術的課題を明確化し，実験計画法が得意とする帰納的推論の土俵にうまく結び付け

るという分析，要約が肝要です．

　ところで改善では，問題の明確化，現状把握，要因解析などのステップからなる QC ストーリがよく知られています．この QC ストーリは，統計理論，組織論などの学問から導かれたのではなく，多くの実践をもとに体系化されたものです．これと同様に，技術的課題を明確化し，実験計画法が得意とするデータに基づく帰納的推論の土俵にうまく結び付けるための分析，要約方法も，実験計画法の理論から導かれるものではありません．多くの実践を通して具現化，体系化されるものと信じています．とても幸せなことに，実験計画法を技術的課題に適用し，技術開発を成功させている実務家の方と知り合う機会が以前からあります．以上のような実践と理論の両輪の重要性を認識し，約 20 年前に実験計画法の活用事例と統計的側面について，今回の共著者である葛谷，久保田，澤田と書籍にまとめました．と同時に，実験計画法の方法そのものを取り上げた書籍も単著で上梓しました．前者が「実験計画法—活用編」，後者が「実験計画法—方法編」，ともに 2004 年，日科技連出版社です．

　その後，適用対象の技術の進化，計算，視覚化手法の高度化などにより，最適計画の計算の高度化，多応答最適化の整備，コンピュータ実験の開発など多くの進歩がありました．さらに，実践に関する知見を有する角谷，吉野との接点もできました．このようなことから，実験計画法を技術開発に活かした成功事例とその秘訣をまとめた書籍をまず上梓することにしました．

　本書の題目は，実験計画法の活かし方です．実験計画法により技術開発が成功した事例と，技術的課題を明確化し実験計画法が得意とする帰納的推論へ結び付けるための秘訣を記述しています．事例として応答曲面法，標準 SN 比，コンピュータ実験など幅広く含めています．また，前書と重なっている事例もいつくかありますが，図は全て書き直し，計算過程はその後のコンピュータの発展に基づき記述しています．さらに本書では，事例部に加え，冒頭にある要旨と読みどころ，事例のポイント，Q & A を設けています．要旨と読みどころでは，それぞれの事例のよさ，実験計画法の活かし方という意味でぜひ読んでいただきたい点を記述しています．さらに Q & A では，実験計画法を技術開発に活かすために生じるであろう質問と，その回答を示しています．このように，14 の成功事例と他へ展開ができる成功の秘訣を，要旨，読みどころ，事例のポイント，Q & A としてまとめています．

　本書の事例部の執筆者は，次のとおりです．

　　葛谷和義　第 2, 6, 12, 14 章

　　久保田享　第 5, 8 章

澤田昌志　第 3, 4, 7, 9, 10, 11 章

角谷幹彦　第 10, 11 章

山田 秀　第 13, 15 章

吉野 睦　第 15 章

また，Q & A については，それぞれに回答者を示しています．さらに，第 1 章，要旨と読みどころ，本事例のポイントは私が執筆しています．

　本書をまとめるにあたり，多くの方々に支えられていることを再認識しました．写真や事例の掲載をご許可いただいた皆様に，お礼申し上げます．また，出版に関してお世話になったサイエンス社田島伸彦氏，足立豊氏にお礼申し上げます．最後に，本書が企業の産業競争力強化に役立つことを心から祈っています．

　2023 年 7 月

著者を代表して　山田 秀

目　　　次

第4章　油圧特性解析法の L_{16} 直交表を用いる ————— 32
シミュレーション実験による確立

第5章　クランクシャフト加工精度の L_{16} 直交表実験による — 48
確保

1 技術開発における実験計画法

1.1 因果関係の定量化のための実験計画法

　技術開発，研究開発，設計など，開発的要素を持つプロセスにおける主要な問題の1つは，原因と結果の**因果関係**を定量的に調べることである．結果と原因に関する因果関係を定量的に調べるには，その分野に固有な技術に基づく演繹的な方法と，いくつかの条件化で事実をデータとして収集しそれに基づき推論するという帰納的な方法がある．本書の主題である**実験計画法**（design of experiments, experimental design）は，この帰納的な推論を助ける強力な方法である．原因と結果の因果関係を調べるために，管理された条件下での実験を計画し，収集したデータを解析する一連の方法が実験計画法である．

　例えば，この実践のために**総合的品質管理**（**TQM**：Total Quality Management）では，統計的手法の教育が重視されている．また，日本の総合的品質管理を米国向けに改訂した体系である**シックスシグマ**でも，統計的手法の教育が重視されている．特に，観察により受動的に集まる集まるデータに加え，結果と原因に関する因果関係を定量的に調べるために，能動的に条件を変えてデータを収集し，的確な意思決定につなげる必要がある．

　一般に，収集しているデータは，対象とする系に介入せずに観察することにより得る**観察データ**と，対象とする系に介入し意図的に条件を管理して得る**実験データ**に大別できる．観察データは，ある変数の値をそれ以外の変数から予測するという目的には適するが，変数に影響を与える要因の分析や，変数間の因果構造の定量化には適さない．これは，限られた変数のみを測定し，それ以外の変数については無管理な状態でデータを得ており，変数間の因果構造が直接データに反映されないからである．一方，実験データは，実験に取り上げる変数は意図的に条件を変え，それ以外の要因は一定に保つなど，適切に実験の場を管理してデータを収集しているので，変数間の因果構造が直接データに反映される．したがって，そのデータを丹念に解析することにより，予測のみならず，要因分析，因果構造の定量化に役立つ．実験

の場を適切に管理することにより，実験で取り上げている変数の因果構造が直接的
にデータに反映されるからである．本書の対象は後者であり，因果構造の近似的な
定量化のためのデータ収集とその解析方法である．

　実験計画法は，データを収集する場を適切に管理し，データ収集のための条件を規
定し，収集したデータを解析する方法からなる．歴史的には，フィッシャー（**Fisher,**
R. A.）が 1920 年代に，農事試験場でのデータ収集とその解析のための統計的手法
を開発したことに端を発する．本書のねらいは，技術開発，研究開発，設計などに実
験計画法を活用し成功した事例を示すことにある．事例そのものは固有であるが，そ
の背後に潜む実験計画法のよい活用方法は事例を超えて普遍的なものである．本書は
全 15 章からなり，第 2 章から第 15 章ではさまざまな分野での事例を掲載している．

1.2　実験計画法の役割

　研究開発，新製品の設計，生産技術の開発，生産方法の改善などにおいて，試行錯
誤的に実験計画法を活用しても効果的ではない．実験計画法により，研究開発，設
計などを効果的に行うには，いくつかのステップを経るのが一般的である．成功へ
と導く一般的ステップを記述すると，つぎのとおりとなる．

　(1)　**テーマの背景の整理**

　　　テーマの意義，使用しうる資源などを明確にする．例えば，自社，自部門で
　　開発すべきことは何かを，顧客の要求などを整理し明確にする．あるいは，製
　　品全体にはどのような要求があり，自部門で取り上げるテーマは，製品全体か
　　ら見るとどのような関係にあるのかを整理する．

　(2)　**対象システム，応答，目標の決定**

　　　テーマの背景に鑑み，対象とするシステム，そのシステムからのアウトプッ
　　トを適切に測定する応答を決める．さらにその応答について，目標を決める．

　(3)　**因子，水準の決定**

　　　取り上げたシステム，製品の応答に影響を与えると思われる要因から，特に
　　与える影響が大きいと思われるものを因子として実験に取り上げる．因子は類
　　似製品の設計など，過去の知識を活用して決定する．また，実験を行う因子の
　　水準についても決定する．

　(4)　**実験計画の構成**

　　　各種の実験計画の中から，実験回数，実験のやりやすさ，コストなどを考慮
　　して，実験計画を構成する．すなわち，先に求めた因子の水準について，どの

ような組合せで実験を行うのかを検討する．その際，応答と因子の関係についてモデルを設定し，それに基づいて実験計画の構成を行う．

(5) **実験の実施**

先に求めた実験計画に基づいて，実験を実施する．その際，すべての実験を無作為（ランダム）な順序で行う，部分的に無作為な順序で行うなど，実験計画で決められたやり方に従う．

(6) **データ解析**

収集されているデータについて，グラフなどにより実験が適切に行われたかどうかについてチェックする．また，分散分析により効果の有無を検討する．さらに効果の推定を行い，最もよいと思われる水準を導くなど，実験のねらいに合ったデータ解析を行う．

(7) **結果の実際のプロセスへの反映**

解析結果について統計的な解釈のみならず固有技術的な立場から解釈を行ったうえで，求めた解析結果を工程に反映する．その際，どの因子の管理に注意を要するのかなどを明確にするとよい．また，実験のねらいが多数の因子から重要な因子を見出すことである場合には，そこで見出した因子を用いて，ステップの (1) に立ち返り，逐次的に実験を行う．

実験計画法が統計的手法として提供しているのは，主に (4)，(6) についてであり，これらについては，統計的手法として数理に基づいてその方法が示されている．一方，実際に活用する際には，(4)，(6) のみならず，他の (1)，(2)，(3)，(5)，(7) も重要になり，これらについては特に明確な手順が存在するのではなく，方法を適用する技術者が実験計画法の特質を考えながら，創意工夫して行う．この創意工夫は，必ずしも容易ではない．本書は，(1)，(2)，(3)，(5)，(7) についての創意工夫の成功例を示しているので，読者が自身の問題に適用するときのヒントとして活用できる．

1.3 本書の構成

本書の第 2 章から第 15 章は，それぞれ独立した事例から構成されている．それらのタイトルと，用いている手法などを下記に示す．

第 1 章：技術開発における実験計画法

第 2 章：電子部品印刷のテスト工法分析への要因計画の適用

2 因子**要因計画**

第 3 章：アクチュエータ一体化 ECU の多因子要因計画による放熱設計

4 因子要因計画，分割実験

第 4 章：油圧特性解析法の L_{16} 直交表を用いるシミュレーション実験による確立

一部実施要因計画（$\boldsymbol{L_{16}(2^{15})}$ 直交表），**重回帰分析**

第 5 章：クランクシャフト加工精度の L_{16} 直交表実験による確保

一部実施要因計画（$L_{16}(2^{15})$ 直交表），**多水準法**，繰返しあり

第 6 章：コイル溶接工程の L_{27} 直交表実験による工程能力確保

一部実施要因計画（$\boldsymbol{L_{27}(3^{13})}$ 直交表），分割実験

第 7 章：鳴きにくいリアキャリパの L_{27} 直交表実験による開発

一部実施要因計画（$L_{27}(3^{13})$ 直交表），繰返し

第 8 章：鋳造品の鋳肌あらさの静特性 **SN 比**解析による向上

パラメータ設計（**静特性**），$L_{16}(2^{15})$ 直交表，品質表

第 9 章：粉末供給方法の動特性パラメータ設計による高度化

パラメータ設計（**動特性**），$L_{18}(2^1 3^7)$ 直交表

第 10 章：画像検査システムの標準 SN 比による安定化

パラメータ設計，要因計画，**標準 SN 比**

第 11 章：ダイヤフラムスプリング荷重精度の標準 SN 比による向上

パラメータ設計，$L_{18}(2^1 3^7)$ 直交表

第 12 章：適応制御かしめ加工の動特性パラメータ設計による開発

パラメータ設計（動特性），**管理図**，**PDPC 法**

第 13 章：亜鉛膜厚の応答曲面法による規格外品低減

複合計画，**応答曲面解析**，**多応答最適化**

第 14 章：表面処理工程における最適計画による多応答の最適化

$\boldsymbol{D}$**-最適計画**，応答曲面解析，多応答最適化，PDPC 法

第 15 章：ワイヤー溶接破断のシミュレーション実験の活用による低減

空間充填計画，非線形回帰モデル

この構成からわかるとおり，電気，機械，冶金，化学と多岐にわたって取り上げている．

　本書は，それぞれの章が独立した構成となっている．前半の章を理解しないと，後半の章が理解できないというわけではない．したがって，興味がありそうな対象，興味がありそうな手法を適用しているなどの理由で読みはじめる場所を決めてよい．

　それぞれの事例においては，前半にテーマ設定を，後半以降に実験の計画と解析を記述するなど，できる限り事例間で構成が合うようにしている．ただし，取り上

げているテーマによって，強引にまとめることがかえってわかりにくくなりそうな場合には，その章を独自の構成としている．したがって，事例間の比較を行うことで，事例の背後に潜む共通的な成功の秘訣がわかりやすくなっている．またそれぞれの事例の後に，「本事例のポイント」という節を設け，どのような点が参考になりそうかをまとめている．

それぞれの事例においては，直交表による実験などを単独に用いてテーマを解決しているのではない．実験計画法のみならず，テーマを解決するために効果的な手法を組み合わせて使っている．このような効果的活用について，本書が参考になると信じている．

Q & A

> **Q1.** 品質管理の中で，実験計画法も含め**統計的品質管理**手法（SQC）はどのような役割を担っているのですか？

A1. 実験計画法も含め，統計的品質管理手法は目的ではなく手段です．統計的品質管理手法の適用が有効なのは，つぎの3点が主です．

(a)　定量的に表現する

品質管理において実験計画法が多用されるのは，適切に実験した結果であれば応答と因子との間の因果関係が定量化できるからです．すなわち，新技術の研究開発，顧客の要求を満たすための製品仕様の決定，製品仕様を満たすためのプロセスの設計，生産現場における改善など，品質管理の問題の多くは，因子による応答の**制御**という系への介入が必須になります．これには制御可能な因子と応答との因果関係の定量化が必要で，これはデータを適切に収集し解析することでなしうるからです．

技術的知見により，応答 y に影響を与えると考えられる要因として $x_1, \ldots, x_p$ が主要であるということはわかるものの，$x_1, \ldots, x_p$ のうち最も影響が大きいものはどれか，つぎに大きいものはどれかというように，y と $x_1, \ldots, x_p$ の関係 $y = f(x_1, \ldots, x_p)$ の定量的な評価は，技術的知見だけでは導けない場合が多々あります．このような場合に，応答 y に影響を与えると考えられる要因から主要なものを因子として取り上げ，実験計画法の適切な活用により計画的にデータを収集し，それを適切に解析することで，因子の影響を定量的に評価できます．例えば応答曲面法では，応答 y について因子 $x_1, \ldots, x_p$ に関する2

次モデルにより定量的に表現し，その影響を評価します．

(b)　今まで見逃している要因に関する着眼点を得る

応答 y を好ましい状態に安定化させるために，重要と考えられる要因を標準化します．すなわち，応答 y の要因 $x_1, \ldots, x_p$ について管理水準 $s_1, \ldots, s_p$ を標準として定めて水準の遵守を目指します．これを遵守しているにもかかわらず結果 y のばらつきが大きいのは，$x_1, \ldots, x_p$ 以外にも重要な要因 $x_{p+1}, \ldots, x_q$ があるにもかかわらず，$x_{p+1}, \ldots, x_q$ を見逃し標準に組み込んでいないため，これらの水準がばらつき，その影響が y の大きなばらつきとなって現れるためです．

これらの $x_{p+1}, \ldots, x_q$ の探索について，成熟しているプロセスの多くの場合，$x_1, \ldots, x_p$ を過去の知見の整理や，ブレインストーミングにより導いています．言い換えると，手を尽くすべきと思われるところには手を尽くした状況であり，過去の知見の整理や，ブレインストーミングを続けたところで，見逃している要因 $x_{p+1}, \ldots, x_q$ を見出す可能性は極めて低くなります．これらの要因を見出すには，今までとは異なる新たな着眼点が必要です．そのためには，手間はかかるものの，事実をデータとして測定し，それを適切に解析することでと，新たな着眼点を見出せる可能性が高くなります．統計的手法を適用し，今まで知られていない何らかの傾向が見出せた場合には，それが新たな着眼点となります．

(c)　優先度をつける，分布を調べる

例えば製品企画案 A，B，C があり，どれを採用すべきかを検討する際，それぞれの提案者は自身の経験，思い入れなどをもとに，自身の企画案を推奨するでしょう．このときに重要なのは，対象とする顧客がどれを望んでいるかであり，この分布を定量的に調べたうえで，採用すべき企画案を選定することです．この分布を調べ，しっかりとした市場調査ののちに企画案を選定することが望ましいものの，担当者の思い込み，声の大きさで採用を決めてしまう場合もあります．より一般化すると，製品，サービス，対策などの代替案が複数あったときに，その優先度，分布を定量的に調べるには，データの収集が効果的です．

（山田 秀）

Q2. 実験計画法はどのように発展してきたのですか？

A2. 実験計画法は，**農事試験**を対象にフィッシャーにより 1920 年代に開発されました．その際，**局所管理，反復・繰返し，無作為化**という実験の 3 原則が提示されました．さらに，**ブロック計画，分割計画，要因計画，一部実施要因計画**というデータ収集の方法とともに，線形模型に基づく分散分析など統計的な推測方法が整備されました．工業への応用が議論されはじめたのは，1950 年ころです．例えば，ボックス（**Box**, G. E. P.）が化学工業を主な対象として**応答曲面法**を提案しています．この中では，連続変数である因子と応答との間に 2 次モデルを考え，この推定のための複合計画や，応答の推定，特徴づけなどが議論されています．

　応答曲面法の提案とほぼ同時期に，日本では 2 つの大きな発展がありました．1 つは，**直交表と線点図**という，一部実施要因計画の構成方法です．これは，欧米流の**定義関係**（defining relation）に基づく一部実施要因計画の構成に比べ，実務家にとって極めてわかりやすく，産業界での活用につながっています．もう 1 つは，さまざまな変動に対して頑健になるように制御因子の水準を選ぶものであり，これは**誤差因子**を導入した**パラメータ設計**により達成されます．この両者とも，**田口玄一**の発案によるものです．

　発展の経過は日本と欧米で異なりますが，その重要性は場所によらず普遍的です．品質管理における実験計画法の重要性に鑑み，品質管理教育では実験計画法が必ず含まれています．米国では，品質管理をシックスシグマと呼んでいて，その中のブラックベルト教育では，必ず実験計画法の教育が含まれています．

　コンピュータ技術の発展により，複雑な計算を要する実験計画の構成と解析が可能になるとともに，**コンピュータシミュレーション**への実験計画法の適用が議論されています．前者の例として，構成が困難である最適計画，空間充当計画などが市販統計パッケージに含まれるようになっています．また，後者のコンピュータシミュレーションでの実験においては，フィッシャーの 3 原則の考慮は基本的に必要なく，また分散分析表などのデータ解析結果は記述統計という立場で意味を持ちます．また，多くの実験水準を多次元空間上に効率よく配置する計画が望まれ，これらは，直交性を主に発展してきた実験計画の延長線上に位置付けられます．　　　　　（山田 秀）

2 電子部品印刷の テスト工法分析への 要因計画の適用

要旨　本事例では，多工程が連結された**電子部品印刷ライン**の品質向上を目指し，生産技術面の工法での改善案について試験流動を実施している．現在流動している標準工法とテスト工法を比較評価する際，連結された工程ごとに異なる傾向があるかどうかを見出すために，工法と工程をそれぞれ因子とする実験を実施している．評価の結果，工程ごとにテスト工法の効果が異なることが判明したので，これを着眼点として技術的な改良に取り組んでいる．

読みどころ　本事例では，工程の制御可能性を考えたデータの収集や，その視覚化，統計的指標による要約など，取り上げている対象に応じたデータ収集と解析をしている．また，交互作用の中身の解釈，実験の無作為化の可否をはじめとして，技術と連携しながらデータ解析の結果を解釈し，工程改善に結び付けている．要因計画と分散分析という基礎的な手法について，技術と結び付けて解析をするための秘訣が詰まっている．

2.1 印刷ラインの概要と調査方法

2.1.1 印刷ラインの概要

　ある電子部品の印刷ラインは全 15 工程で構成され，15 層のパターンをそれぞれの工程で印刷することで多層の印刷をする．その際，各工程では，印刷後に焼成する．その概要を図 2.1 に示す．印刷されたパターンの焼成による収縮が少ないほど加工技術は高いといえ，印刷版の大判化には焼成収縮の低減は不可欠となる．なお，大判化は，多数個取りにおける取り個数を増やす生産性の向上策である．

図 2.1　印刷ラインの概要

各工程におけるパターン内の収縮は，比較的均一であり，特定の箇所の収縮が大きかったり，縦方向と横方向で収縮が異なったりというような傾向はない．そこで収縮の測定では，パターンの縦方向に $x_1, \ldots, x_5$，横方向に $y_1, \ldots, y_5$ の5点を設定し，それぞれの収縮寸法を測定し，これらの平均である次式により評価する．

$$\text{試料の収縮} = \frac{\sum_{h=1}^{5} x_h + \sum_{h=1}^{5} y_h}{10}$$

この評価尺度では，値がゼロに近いほど収縮がなく好ましい状態をあらわす．

2.1.2 調査の計画

今回の調査の主目的は，収縮の改善案の1つであるテスト工法に改善効果があるかどうかを明確にすることである．そこで，従来工法とテスト工法の2水準にて試験流動し，収縮度を測定する．その際，各工程の試料3個の試験流動を行い収縮を測定する．ただし，調査した工程は，本改善案の対象とならない P_1，P_6，P_8 の3工程を除く12工程である．その概要を図 2.2 に示す．

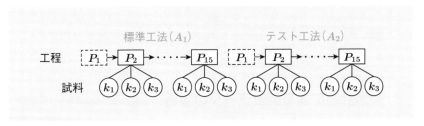

図 2.2 調査方法

この調査においては，工法 A と工程 P を因子とした**要因計画**を用いる．工法 A は，A_1：従来工法，A_2：**テスト工法**の2水準である．工程 P の水準は，印刷工程の P_2，P_3，P_4，P_5，P_7，P_9，P_{10}，P_{11}，P_{12}，P_{13}，P_{14}，P_{15} であり，全部で12水準である．因子 A，P について，全部で 2×12 通りの水準組合せについて実験をする2因子実験となる．各工程について，工法を決めたうえで試料3個の試験流動をしているので，繰返し数は3となる．調査結果をまとめたものを表 2.1 に示す．

表 2.1　要因計画により収集された収縮データ

	A_1：従来工法			A_2：テスト工法		
	k_1	k_2	k_3	k_1	k_2	k_3
P_2	339	419	289	132	178	202
P_3	138	142	206	173	192	166
P_4	190	201	120	59	77	−25
P_5	197	126	204	157	168	194
P_7	423	384	312	381	283	247
P_9	368	383	345	235	230	171
P_{10}	113	113	97	48	32	155
P_{11}	117	138	223	154	181	141
P_{12}	129	165	75	−34	65	−46
P_{13}	309	280	322	213	136	261
P_{14}	192	123	81	33	73	49
P_{15}	66	193	89	188	162	115

　なお工法 A は，A_1，A_2 のどちらかを選択できる．一方工程 P は，すべての工程について使用するので，水準を選択できず，因子 A との交互作用がどのように表れるのかを調べるという主目的を持つ．

2.2　要因計画による調査データの解析

2.2.1　調査結果

　このデータについて，工程ごとの従来工法，テスト工程の平均と標準偏差を求め，図 2.3 に示す．この図から，いくつかの工程では従来工法に比べテスト工法の収縮率が小さくなっているものの，収縮にほとんど差がない工程もある．また，標準偏差を見ると，従来工法，テスト工法ともに標準偏差に大きな違いは見られず，実験が管理された状態で実施されていると考えられる．

2.2.2　調査結果の解析

　試験の順序は，因子 A と因子 P に関する 2×12 の水準組合せについて無作為に決めたものではなく，工程 P_2 から P_{15} について，工法 A_1，A_2 を決め，その上で 3 回の試験をしている．このようにすると，工程と工法の組合せ (A_i, P_j) について，

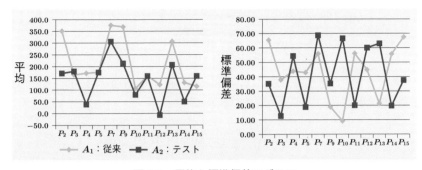

図 **2.3**　平均と標準偏差のグラフ

系統的な誤差が生じる．すなわち，工程と工法の組合せ (A_i, P_j) に関する系統的な **1 次誤差** $\varepsilon_{(1)ij}$ と，個々の測定値に関する **2 次誤差** $\varepsilon_{(2)ijk}$ が含まれるので，モデルは

$$y_{ijk} = \mu + \alpha_i + \beta_j + (\alpha\beta)_{ij} + \varepsilon_{(1)ij} + \varepsilon_{(2)ijk}$$

となる．このように厳密に考えれば 2 種類の誤差が含まれるものの，調査は量産ラインの通常の生産で行い，また工程管理面から系統的な誤差の発生は無視できると考えられる．さらに，テスト工法の収縮低減効果は工程によって異なると考えられ，この交互作用を求めることが実験のねらいなので，**交互作用** $(\alpha\beta)_{ij}$ を含むモデル

$$y_{ijk} = \mu + \alpha_i + \beta_j + (\alpha\beta)_{ij} + \varepsilon_{ijk} \tag{2.1}$$

により解析する．

　式 (2.1) に基づく分散分析結果を，表 2.2 に示す．この分散分析表において，工法 A，工程 P，それらの交互作用 $A \times P$ が有意である．要因について効果をまとめたものを図 2.4 に示す．この図において，n 個のデータから求めた平均の標準誤差を

$$\sqrt{\frac{V_E}{n}} = \sqrt{\frac{2.16 \times 10^3}{3}} = 26.8$$

表 **2.2**　収縮データの分散分析表

要因	S $(\times 10^3)$	ϕ	V $(\times 10^3)$	F	p
工法 A	84.39	1	84.39	39.14	< 0.001
工程 P	521.59	11	47.42	21.99	< 0.001
$A \times P$	85.73	11	7.79	3.61	< 0.001
誤差 E	103.51	48	2.16	—	
計	795.22	71			

で求める．また，2 組の平均の差の標準誤差を

$$\sqrt{2\frac{V_E}{n}} = \sqrt{2\frac{2.16 \times 10^3}{3}} = 37.9$$

で求める．さらに，**最小有意差**（Least Significant Difference：LSD）と呼ぶ次式を目安のために求め，図 **2.4** の解釈の参考にする．

$$t(\phi_E, 0.025)\sqrt{2\frac{V_E}{n}} = 2.011 \times 37.9 = 76.3$$

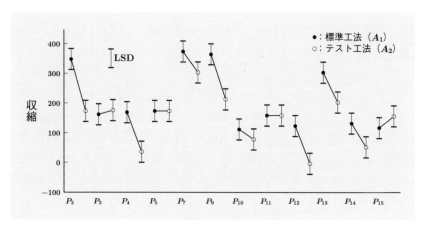

図 **2.4**　要因効果のグラフ

　図 **2.4** において，工程 P については，P_2，P_7，P_{13} のように収縮が大きな工程と，P_4，P_{12} のように収縮が小さい工程が混在していることがわかる．また工法について，従来工法 A_1 に比べテスト工法 A_2 の方が全体的に収縮が小さく，改善の効果が見受けられる．

　表 **2.2** において，工法と工程の交互作用 $A \times P$ は，工程によってテスト工法で収縮低減効果が異なることを示している．すなわち図 **2.4** において，テスト工法の収縮低減効果の大きな工程は，

$$P_2, P_4, P_9, P_{12}, P_{13}, P_{14}$$

である．一方，この効果があまり大きくない工程は，

$$P_3, P_5, P_7, P_{10}, P_{11}, P_{15}$$

である。印刷原理としてはすべての工程で共通であるものの，テスト工程の収縮低減効果にこのような違いが生じている。この違いを固有技術的に考察したところ，収縮低減効果の高い工程にいくつかの共通点が見出された。そこで，これらを収縮低減効果の低い工程に展開するなどの活動を実施し，収縮低減を実施した。

　以上，本事例では，電子部品の 15 工程で構成された多層印刷の量産ラインにて，印刷後の収縮の改善案の 1 つであるテスト工法と現在流動している標準工法を比較調査している。そして，テスト工法の収縮低減効果は印刷工程により異なることを明らかにし，得られた技術的知見に基づき改善活動の方向付けを行っている。

2.3　本事例のポイント

(1)　本事例では，計画的に収集したデータについて，図による視覚化と統計量による要約を適切に実施し，問題の本質を技術的な立場から見極め，対策を講じている。例えば，分散分析表をもとに定量的に解釈するとともに，要因の効果図の傾向を把握し，そのような結果になる理由を技術的に考え，対策をとっている。この種の取組みは，どのような現場でも有効である。

(2)　工法は，A_1：従来工法，A_2：テスト工法であり，どちらからの工法の選択が可能である。一方，工程 P_2 から P_{15} は，印刷工程を構成する要素工程であり，印刷のためにはすべての工程を経由する必要がある。この実験で工程 P_2 から P_{15} を因子として導入しているのは，工法との交互作用を調べるためである。すなわち，工程によって A_1：従来工法，A_2：テスト工法のうち適するものが異なる可能性があり，この点を考慮して解析するために導入している。なお，このように因子の水準の選択には意味がなく，他の因子との交互作用を調べる目的で導入する因子を**標示因子**と呼ぶ。

(3)　工法 A の主効果，工程 P の主効果とともに，交互作用 $A \times P$ の意味を適切に検討している。工法 A については，全体的に A_2：テスト工法の方が A_1：従来工法に比べ収縮が小さく好ましい。交互作用 $A \times P$ では，いくつかの工程はテスト工法にすると収縮が小さくなるが，それらとは異なる工程ではテスト工法にしても収縮が小さくならない。これが交互作用の中身であり，この統計的な特徴を踏まえて技術的視点から対策を導いている。

(4)　因子 A と P の 2×12 の水準組合せについて，無作為な順序で実験をするのではなく，工法と工程の組合せを決めたのちに，3 回の繰返し実験をしている。厳密には，無作為化を多段階に分けて実施する**分割実験**である点をまず明

確にしている．そのうえで技術的知見から，工法と工程の組合せによって生じる誤差は無視しうる点を導き，通常の多因子要因計画と同様の分散分析をしている．このように，実験順序を正確に見極めたうえで適切なモデルにより解析することが強く推奨される．

Q & A

Q3. 実験データを収集した場合に，どのような手順で解析したらよいかを説明してください．

A3. データを収集した場合には，大きく分けるとつぎの解析が必要になり，原則的にはつぎの手順で，場合によってはいくつかの段階をさかのぼったり往復したりします．

(1) **データの質の吟味**

　　グラフによりデータを視覚化し，外れ値が含まれていないか，顕著な傾向がないかなどを目視で検討する．データの視覚化の目的は，統計量による解析にふさわしいデータの質があるかどうかの確認であり，概観を視覚的に検討することが主となる．一方，どちらが大きいかなどは分散分析表などの統計量で厳密に検討するので，この段階においてはさほど気にしなくてよい．

(2) **分散分析による効果の把握**

　　分散分析表により，取り上げた要因について F 値が 2 よりも大きいかどうかを目安とし，効果の有無を把握する．その際，一般に低次の要因の方が高次の要因よりも実際には重要になる点を考慮する．

(3) **要因効果図，等高線などによる傾向の把握**

　　分散分析により効果が大きいとされた要因について要因効果図や等高線を作成し，水準を変化させたときに応答がどのように変わるかを把握する．その際，交互作用がある因子を組み合わせて等高線や要因効果図を描く．

(4) **最適条件の推定**

　　最も好ましいと思われる条件を推定する．この推定方法は，値が大きいほど望ましい，目標値に近いほど望ましい，小さいほど望ましいなど，応答に望まれる性質によって異なる．また統計的な側面だけでなく，操作性，コストなども加味する．

(5) 応答の推定と効果の確認

　　　最適条件にした場合に，応答がどのような値になるのかを推定する．また，で
　　きる限り追加実験により，その値が実現できているかどうかを調べる．　(山田 秀)

Q4. 実験に際し，因子や計画をどのように選定したらよいですか？

A4. まず，実験の目的を明確にします．実験の対象について，どのような状態した
いのかというあるべき姿を明確にします．例えば，応答と因子の関係を調べ応答を望
ましい値にする，あるいは，個々の因子の影響を定量的に把握するなどがあります．

　つぎに，取り上げる応答について要因を構造的に整理します．整理の仕方はさま
ざまあり，その一例が要因系統図として本書の第7，12章にあります．その際，技
術的知見，過去の知見を集約し，検討済み，部分的に検討済み，理論的に影響あり，
影響があると思われる，無視しうるなどの情報を付加しておくと，つぎの検討が円
滑に進みます．

　そして，予算，時間など経営資源上の制約を考慮し，どの程度の規模の実験が可能
かを明確にします．その範囲内で，整理した要因の中から実験として取り上げる因
子を決めます．計画には，要因計画，一部実施要因計画，応答曲面計画，最適計画，
過飽和実験計画などさまざまな選択肢があります．目的，経営資源の制約などを総合
的に考慮して，最終的に取り上げる因子や計画を選定するとよいでしょう．　(山田 秀)

3 アクチュエータ一体化 ECUの多因子要因計画による放熱設計

要旨 自動車の走行性，快適性，利便性などの顧客のさまざまな要求を満足するためには，電子制御システムが不可欠になっている．そのシステムのほとんどは，センサ，油圧制御ユニット，およびこれを制御する ECU（Electronic Control Unit）から構成されている．その中で，ECU は車室内に搭載される．近年は，居住性向上のため搭載スペースを確保しにくい状況にあり，ECU 単独あるいは油圧制御ユニットと一体化して車室外へ搭載されるケースが増えている．その結果，電気配線の削減による軽量化，低コスト化，電気特性の向上などの利点があげられるが，熱，水，振動に対する高信頼性の確保が難しくなり，重要課題となってきている．

　本章では，車両制御のような電力消費の大きいシステムのアクチュエータ一体化 ECU を企画・開発する中で，最重要課題となった電子部品で発生する熱を効率よく放熱させる構造において，実験計画法を活用し，放熱設計パラメータを最適化した事例である．

読みどころ 本事例では，過去の技術的知見をマトリックス要因解析図として視覚化し，その中から因子を取り上げてデータを収集し，その解析結果をもとにさらに技術的蓄積を深めている．実験に際しては，完全無作為化の要因計画では多数の実験が必要になるので，多段分割計画を用いて，より効率的なデータ収集をしている．過去の知見を定性的に集約し，実験データの収集と解析に反映させている点に注目するとよい．

3.1 アクチュエータ一体化 ECU の概要

3.1.1 製品と放熱構造の概要

　企画・開発にあたって，構想設計段階で電子部品と車両システムとの適合性を検討し，車両メーカーのニーズに応えられるかどうかをレビューするために，機能のFMEA を実施する．**FMEA** とは，故障モード影響解析（Failure Mode and Effects Analysis）のことである．製品やシステムの潜在的な欠点や，設計したものが所定

の機能を果たすかどうかを検討するために，構成要素の故障モードを摘出し，その上位システムへの影響を解析する手法である．今回，機能の FMEA を実施した目的は，早い段階で対応が不明確な部分を顕在化させ，その対策を実現性も含めて検討し，最終的には開発の可否判断をするためである．その実施は，以下の手順で行う．

(1) 信頼性ブロック図として機能の展開図を作成し，決められた様式に基づいてシステムおよびサブシステムの名称や機能を記入する．

(2) 故障のモード，発生原因，その検出法や影響を記入する．

(3) その故障を，厳しさ×頻度×検出難易度で危険優先数を求め，その数値が大きいものから改善し，予防策として理論解析および信頼性試験を実施する．

その結果，電力消費の大きいパワー系システムの場合，油圧制御ユニットである**アクチュエータ**の制御仕様によっては，電子部品の発熱量が大きくなる．これは特に，電界効果トランジスタである FET（Field Effect Transistor）で顕著である．このため，放熱特性のさらなる向上が必要であることがわかり，放熱構造の選択とその最適化が重要となった．その FMEA の結果の概要を，図 **3.1** に示す．

番号	部品		機能	故障モード	故障メカニズム	検出法	故障の影響	故障モードの			危険優先数	是正対策
								厳しさ	頻度	検出難易度		
1	E C U	FET	アクチュエータの駆動	・・・	SOL抵抗値低下→過電流	プライマリー	・・・	・・・	・・・	・・・	・・・	信頼性試験
2				・・・	ハンダ付け不良→過電流	フェールセーフ	・・・	・・・	・・・	・・・	・・・	信頼性試験
3				・・・	放熱不足→過電流	電圧の検出	・・・	・・・	・・・	・・・	・・・	設計確認
・・・	・・・		・・・	・・・	・・・	・・・	・・・	・・・	・・・	・・・	・・・	・・・

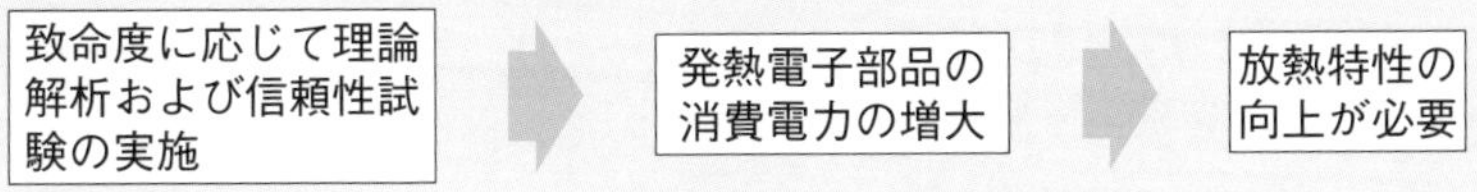

致命度に応じて理論解析および信頼性試験の実施　⇒　発熱電子部品の消費電力の増大　⇒　放熱特性の向上が必要

図 **3.1**　機能に基づく **FMEA**

諸般の検討により，採用された放熱構造を図 **3.2** に示す．基板には，連通穴の内壁に銅メッキを施し，基板の表と裏の伝熱経路を確保するためにサーマルビアを多数形成している．その片面に電子部品を実装し，他面側で熱伝熱性に優れた絶縁シート（放熱シート）を挟んでアクチュエータボデーへ固定する．このような積層構造により，電子部品で発生した熱はサーマルビア，放熱シートを介してアクチュエータボデーへ伝達され，ボデーから効率よく放熱される．

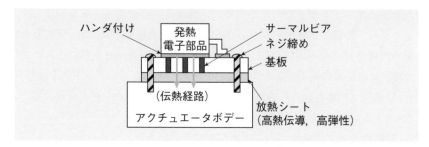

図 3.2　放熱構造

3.1.2　現状把握と目標の設定

　FET の内部温度は直接計測できないため，熱抵抗値（°C/W）を代用特性とし目標
値を設定する．図 3.2 において，FET は「発熱電子部品」の中に含まれている．FET
内部の半導体本体部分（ジャンクション部）からアクチュエータボデーまでの熱抵抗
値を R_{j-c}，アクチュエータボデーの熱抵抗値を R_b，ボデーから雰囲気までの熱抵抗
値を R_{b-a}，全熱抵抗値（°C/W）を R とすると，$R = R_{j-c} + R_b + R_{b-a} \fallingdotseq R_{j-c}$
となる．なお固有技術的知見から，R_{j-c} は R_b，R_{b-a} に比べて十分大きいことがわ
かっているため，$R_b + R_{b-a} \fallingdotseq 0$ として扱う．また，アクチュエータボデーはアル
ミ材で熱伝導がよく，しかもその表面積が大きく放熱性がよいことがわかっている．
　また，ジャンクション部の目標到達温度 T_j は，現状の電力値が P_1（W）で雰囲
気温度を T_0（°C）とすると $T_j \geq R \times P_1 + T_0$ となり，現状ではこれが成立してい
る．しかし，アクチュエータ制御仕様変更に伴い電力量が P_2（W）になった場合，
現状の熱抵抗値では目標到達温度 T_j より大きくなり目標を満足できないことがわ
かる．そこで，電力量 P_2（W）において目標到達温度 T_j 以下になるような全熱抵
抗値を R' とすると

$$T_j \geq R' \times P_2 + T_0$$

とならなければならない．よって目標値を，

$$R' \fallingdotseq R'_{j-c} \leq \frac{T_j - T_0}{P_2} = 6.25 \quad (°C/W)$$

と設定する．この目標設定の概要を，図 3.3 に示す．また，今回の活動は図 3.4 の
とおりに進める．

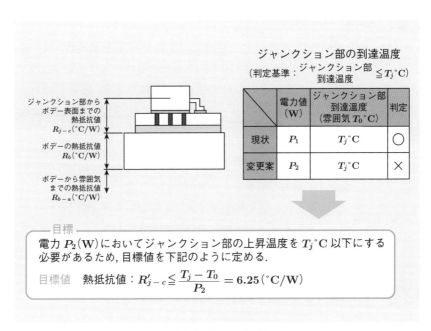

図 3.3 目標の設定

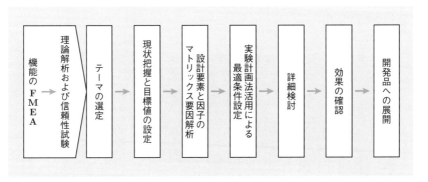

図 3.4 活動の進め方

3.2　放熱設計探索のための多因子要因計画

3.2.1　応答および測定方法

　実験には，最も発熱量の大きい FET を用い，応答としては熱抵抗値（°C/W）を用いる．その理由は，前述のとおり FET の内部温度が直接計測できないことと，熱抵抗値ならば代用特性として以下のとおり測定方法が確立していることにある．この応答の測定方法としては「ドレイン」–「ソース」間に一定時間電力を印加後，「ドレイン」–「ソース」間の寄生ダイオードの電圧変化量を下記の式に代入し求める．

$$R_{th}(熱抵抗値 °C/W) = (V_0 - V_t)\frac{K}{P}$$

V_0：　初期の寄生ダイオードの電圧値（mV）

V_t：　電力印加後の寄生ダイオードの電圧値（mV）

K：　寄生ダイオードの温度特性値（°C/mV）

P：　印加電圧（V）

3.2.2　設計要素に基づく因子の選定

　目標熱抵抗の達成に向けて放熱設計因子を検討するためには，初期性能や耐環境性能などのあらゆる設計要素との絡みが考えられ，一面的な見方で設計因子を決定することは開発のやり直しとなる．そのためには，既知の技術と未知の技術を層別することが必要と考え，縦軸に設計要素，横軸に設計因子をとり，図 3.5 のようなマトリックス要因解析図を作成して検討する．

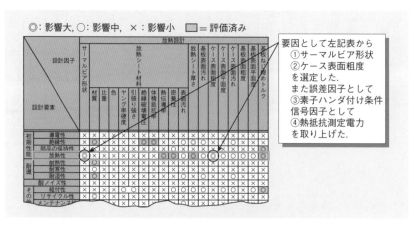

図 3.5　マトリックス要因解析図

　検討に際しては，設計要素に対してそれぞれの因子の影響度を大を◎，中を○，小を×印で記入し，すでに評価済みの欄は塗りつぶして層別を行う．その結果，例えば設計要素の部品の保持性に対して，影響度中の設計因子として放熱シート材料の密着性が，影響度大の設計因子としては基盤ねじ締めトルクがあげられる．また，これら以外の設計因子は影響度が小さいことがわかる．さらに，基盤ねじ締めトルクは，放熱性，組付性といった他の設計要素への影響度も大きく，もし未評価ならば絡めて検討が必要なことがわかる．

　今回抽出する放熱設計因子は，設計要素である放熱性に対して，影響度が大きく，かつこれまで未評価のものを対象にする．その結果，サーマルビア形状とアクチュエータボデー（ケース）表面粗度が抽出され，これらを実験の因子として採用する．また，この2つの設計因子は，他の設計要素への影響度が小さく，他の設計要素と絡めた検討が必要ないと判断される．

3.2.3　実 験 水 準

　実験に用いる因子について，水準をまとめたものを **表 3.1** に示す．サーマルビア形状は，ビア径とビア数の組合せにより5水準を選定する．また表面粗度は，ダイカスト鋳造によるアクチュエータボデー表面の製造上のばらつきを考慮し3水準を選定する．電子部品の実装における因子としてハンダ付け条件で2水準選定する．さらに，熱抵抗測定電力を3水準選定する．

表 3.1　因子と水準

因子	水準 1	水準 2	水準 3	水準 4	水準 5
A：サーマルビア形状（ビア径，ビア数）	$\phi0.5$，49 個	$\phi0.5$，64 個	$\phi0.5$，36 個	$\phi0.7$，49 個	$\phi0.3$，49 個
B：ケース表面粗度	$6.3Z$	$12.5Z$	$18Z$	—	—
C：ハンダ付け条件	リフロー（通常試作条件）	ホットプレート上（300°C，90 秒）	—	—	—
D：熱抵抗測定電力	P_a (W)	P_b (W)	P_c (W)	—	—

3.2.4　多因子要因計画による分割実験

　実験は，**多因子要因計画**により実施する．また，水準変更に多くの時間が必要で実験順序を変更したくない因子があり，このため以下の分割実験として割り付ける．

$$因子 A, B：\quad 1 次因子$$

$$因子 C：\quad 2 次因子$$

$$因子 D：\quad 3 次因子$$

因子 A, B については多くの時間がかかる組換えが必要となるため **1 次因子**とする．因子 C についてはハンダの付け替えがあり，組換えに関連する A, B ほどではないが，時間がかかるので **2 次因子**とする．さらに，因子 D については比較的簡単に水準変更ができるため **3 次因子**とする．交互作用 $A \times B$ の存在は技術的に考えにくい．

これらのことから，因子 A, B による $5 \times 3 = 15$ 通りの水準組合せに基づいて，まずは 15 個のケースを作成する．そして，因子 C について無作為な順序で処理を決め，そして因子 D について無作為な順序で処理を決めている．4 因子要因計画の **2 段分割実験**により，表 3.2 の結果が得られている．

表 3.2　多因子要因計画による分割実験の結果

		C_1			C_2		
		D_1	D_2	D_3	D_1	D_2	D_3
A_1	B_1	7.11	6.63	6.76	7.19	6.71	6.32
	B_2	7.19	6.63	6.54	6.93	6.45	6.10
	B_3	7.24	6.80	6.10	7.24	6.63	6.32
A_2	B_1	6.32	6.28	5.67	6.58	6.19	5.67
	B_2	6.41	6.28	5.89	6.63	6.28	6.10
	B_3	6.54	6.10	6.10	6.63	6.54	6.10
A_3	B_1	7.76	7.41	7.41	7.89	7.67	7.85
	B_2	7.67	7.59	7.19	7.72	7.41	7.19
	B_3	7.67	7.32	7.41	7.85	7.94	7.41
A_4	B_1	6.50	6.28	6.10	6.80	6.54	6.76
	B_2	6.37	6.19	6.10	6.80	6.45	6.32
	B_3	6.45	6.28	5.89	6.71	6.63	6.32
A_5	B_1	7.67	7.59	7.41	7.63	7.59	7.41
	B_2	7.76	7.67	7.19	7.32	7.15	7.19
	B_3	7.67	7.41	7.19	7.59	7.32	7.19

出典：岩瀬 (1996) をもとに作成．

この分割実験の概要を図 3.6 に示す.

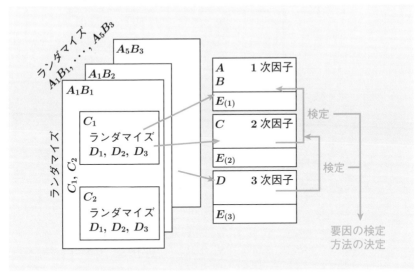

図 3.6　分割実験と解析の概要

3.3　多因子要因計画による実験データの解析と考察

3.3.1　分 散 分 析

　実験で得られたデータを分散分析した結果を表 3.3 に示す. この分散分析表について, 1 次誤差 $(E_{(1)})$ を 2 次誤差 $(E_{(2)})$ で, $E_{(2)}$ を 3 次誤差 $(E_{(3)})$ で検定すると p 値は 0.05 より大きいので, これらを無視する. このため $E_{(1)}$, $E_{(2)}$ を $E_{(3)}$ にプールし, また V の小さい要因についてもプールした誤差 E に加える. この結果を表 3.4 に示す. これから, 主効果 A と D, および交互作用 $A \times C$ と $A \times D$ の p 値は 0.01 より小さく, また主効果 B と C, および交互作用 $B \times C$ の p 値が 0.05 より小さいことがわかる.

3.3.2　有意な要因に基づく効果の推定

　有意な要因を用いて各水準の母平均を推定する. 因子 A, B, C, D の主効果と交互作用 $A \times C$, $B \times C$, $A \times D$ が有意であるので, 交互作用 $A \times C$, $B \times C$, $A \times D$ の効果の推定を行う. その結果を図 3.7 に示す.

表 3.3 分割実験データの分散分析表（プーリング前）

要因	S	ϕ	V	F	p
A	26.129	4	6.532	147.809	< 0.001
B	0.152	2	0.076	1.723	0.239
$E_{(1)}$	0.354	8	0.044	3.186	0.061
C	0.138	1	0.138	9.924	0.014
$A \times C$	0.761	4	0.190	13.715	0.001
$B \times C$	0.165	2	0.082	5.934	0.026
$E_{(2)}$	0.111	8	0.014	0.573	0.785
D	3.579	2	1.790	73.899	< 0.001
$A \times D$	0.552	8	0.069	2.850	0.036
$B \times D$	0.070	4	0.018	0.724	0.588
$A \times B \times D$	0.327	16	0.020	0.844	0.631
$C \times D$	0.001	2	0.001	0.023	0.977
$A \times C \times D$	0.098	8	0.012	0.504	0.836
$B \times C \times D$	0.053	4	0.013	0.543	0.706
$E_{(3)}$	0.387	16	0.024		
計	32.877	89			

出典：岩瀬 (1996) をもとに作成.

表 3.4 分割実験データの分散分析表（プーリング後）

要因	S	ϕ	V	F	p
A	26.129	4	6.532	307.827	< 0.001
B	0.152	2	0.076	3.588	0.033
C	0.138	1	0.138	6.488	0.013
D	3.579	2	1.790	84.332	< 0.001
$A \times C$	0.761	4	0.190	8.966	< 0.001
$B \times C$	0.165	2	0.082	3.879	0.026
$A \times D$	0.552	8	0.069	3.252	0.004
E	1.401	66	0.021		
計	32.877	89			

出典：岩瀬 (1996) をもとに作成.

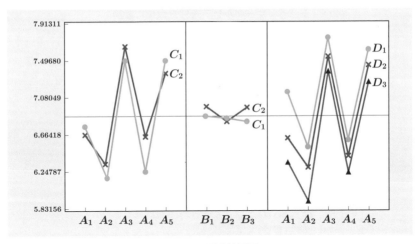

図 3.7 要因効果図

　この結果より，熱抵抗値は小さい方がよいため，まず $A \times C$ の要因効果図から，A_2，C_1 がよいと考えられる．つぎに，$B \times C$ の要因効果図から B_3，C_1 がよいと考えられる．最後に，$A \times D$ の要因効果図から A_2，D_3 がよいと考えられる．これらの選択結果は背反していないため，最適条件は A_2，B_3，C_1，D_3 の組合せになることがわかる．

3.3.3　最適条件についての詳細な検討

　得られた実験結果をもとに，生産性を考えた最適な条件を探索するため，さらに検討を進める．因子 B については生産性からも B_3 がよい．交互作用の $A \times C$ の C については，C_1 が必須であると考え，その条件に固定する．

　因子 A については，実験を行った径×数に関する水準ではなく，さらに好ましい設計諸元を検討したいため，他を B_3，C_1 に固定し，表 3.5 に示すように，サーマルビアの径×数を面積に置換して検討する．この表のサーマルビア断面積を用いて，表 3.2 における B_3，C_1 のデータを散布したものを図 3.8 に示す．この図に示すとおり，サーマルビア面積と熱抵抗値は因子 D で層別するとそれぞれ直線関係であらわされる．また，変更電力 $P_2 \fallingdotseq P_b$（因子 D）であるので，変更電力で目標値を満足できるサーマルビア面積は $3.50\,\mathrm{mm}^2$ 以上必要であることがわかる．さらに $3.50\,\mathrm{mm}^2$ 以上の面積を確保できるサーマルビア形状は，ビア径 $\phi 0.7$，ビア数 49 個の A_4 が最適組合せであると考えられる．

表 3.5 サーマルビア条件を面積に置換

サーマルビア			判定
径	数	面積	（面積が 3.50 mm^2 以上のこと）
ϕ0.3	100	3.01	×
ϕ0.5	64	3.39	×
ϕ0.6	52	3.35	×
ϕ0.7	**49**	**3.72**	○
ϕ0.8	39	3.41	×
ϕ0.9	36	3.56	○
ϕ1.0	21	2.31	×

注：数は 8 mm のランド中に配置できる最大のビア.
出典：岩瀬 (1996) をもとに作成.

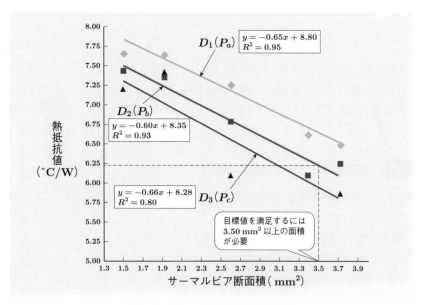

図 3.8 サーマルビア形状の検討

3.3.4 効果の確認

以上，サーマルビア形状をビア径 ϕ0.7，ビア数 49 個，ハンダ付け条件をリフローとし，この条件を母平均の推定で確認した結果，図 3.9 に示すように目標の熱抵抗を満足できることがわかる.

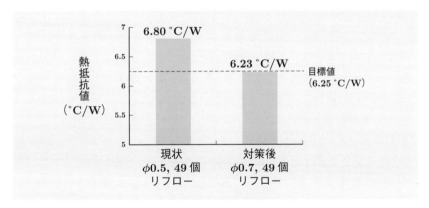

図 3.9 効果の確認

以上の適用を通して，実験計画法を活用し放熱構造の設計パラメータを最適化するとともに，つぎの知見が得られた．

(1) サーマルビア断面積と熱抵抗は直線関係にあること，またアクチュエータの表面粗度の影響は大きくないため生産性を優先できることが判明した．

(2) 製造条件とサーマルビア形状の交互作用は熱抵抗に影響を及ぼすが，その寄与度は小さい．

(3) 熱抵抗測定電力は熱抵抗に影響することから，ECU の仕様電力に合わせ測定電力値を設定する必要がある．すなわち，熱設計時には仕様電力にあった熱抵抗値を使用する．

3.4　本事例のポイント

(1) 本事例は，水準変更の困難さに対応した分割実験である．サーマルビア形状をあらわす因子 A，ケース表面粗度をあらわす因子 B については多くの時間がかかる組換えが必要となるため 1 次因子としている．また，ハンダ付け条件である因子 C はこれらほど水準変更は困難でないので，2 次因子としている．さらに，熱抵抗測定電力である因子 D は，これらよりも比較的簡単に水準変更ができるため 3 次単位としている．

　もし分割実験を行わないとすると，因子 A, B, C, D による $5 \times 3 \times 2 \times 3 = 90$ 通りの水準組合せに基づいて，90 個のケースを作成して実験を行うことになる．これに対して，このように水準変更の難易度に応じて，1 次，2 次，3 次因子を設定することで 15 個のケースの作成となる．このようにすることで，実

験の実施の手間を削減している.

(2)　本事例の場合には,因子 A と B の交互作用 $A \times B$ が存在しないという技術的な背景をもとに,実験回数 90 回の分割実験を構成している.この実験計画の場合には,1 次因子である A,B の無作為化に伴う 1 次誤差と交互作用 $A \times B$ が交絡しているが,交互作用がないというという先見的な情報により求めた平方和と 1 次誤差によるものとして解析している.

(3)　本事例では,2 段分割実験データを解析し,サーマルビア形状の影響が最も大きいことを見出すとともに,実験水準の中で最も好ましいサーマルビア形状を導き出している.その後,より詳細な検討を行い,よりよいサーマルビア形状を導き出している.最初の分割実験では,因子としてビア形状を取り上げ,それはビア径とビア数の組合せからなる.一方,後の詳細な検討では,ビア径とビア数についてより詳細に調べて,面積に着眼することで最もよい条件を見出している.

　　以上のアプローチは,最初の実験で好ましそうな条件を見出し,つぎの詳細な検討でさらに最適化を試みている,という 2 段階の最適化とあらわすことができる.このように,いったん求めた条件について追加実験により詳細な検討を行うことで,よい条件が見出せる可能が高くなる.

(4)　実験を行う際にポイントになるのが,適切な因子を取り上げることである.因子の選定は,思い込みや場当たり的に列挙するのではなく,過去の技術の蓄積状況などを踏まえて行う必要がある.本事例では,まずマトリックス要因解析図を作成し,製品の放熱性など,製品の機能に関連する設計要素と,設計因子の関係を定性的に整理している.そして,従来において検討済みの設計因子と未検討の設計因子を分け,知見を整理している.本事例のマトリックス要因解析図は,体系的に因子を取り上げる 1 つのアプローチを示している.

(5)　本事例では,製品全体として考えたときの FMEA を実施することで,テーマであるアクチュエータ一体化 ECU の放熱設計を導いている.実験で取り上げるテーマは,製品全体を取り上げるばかりでなく,製品の一部分を取り上げることがある.このような場合に重要となるのは,全体と部分をどのように結び付けるかである.本事例のように FMEA を実施することは,故障という立場から製品の全体と部分を結び付け,テーマとして取り上げる意義を明確にする.

(6)　実験を行う際,妥当な目標値設定を行うことが必要になる.本事例では,FET の内部構造を考慮し,抵抗のメカニズムを考察したうえで,$R' \leq 6.25\,(^\circ\text{C/W})$

という目標を設定している．目標値の設定は，通常，顧客の要求，後工程の要求，設計上の要求などを，生産能力，設備の方針などを踏まえて応答値に反映させて行われる．その際，取り上げる対象のメカニズムを考慮する必要がある．本事例は，メカニズムを目標値設定に反映させる段階でも参考になる．

Q & A

A5. 因子を構造的に列挙するために，本章ではマトリックス要因解析図，第12章では要因系統図が活用されています．このように従来の知見を視覚化するための技法について，作成のコツを教えてください．

A5. 今回，マトリックス要因解析図は，新製品開発でECUの放熱設計緒元の最適化を目的に，因子の絞り込みや合意形成に活用しています．このような場合，特に新機能に対する設計諸元との関係性を踏まえて，実験に取り上げる因子を網羅的に漏れなく，かつ論理的に抽出することが重要です．そこでまず，その関係性をあえて単純な，しかしその結果，網羅性や論理性が確認しやすい2元表（マトリックス図）に整理することがポイントです．つぎに，2元表に整理するときは，従来の知見を含め，関係性について記号を使ってわかりやすく視覚化（図解化）することがポイントとなります．記号は関係性の強さで◎，○，△，×などが基本です．さらに従来の知見を塗潰しなどで工夫して視覚化するとよりわかりやすくなります．その結果，関係者から，さらなる知見や速やかな合意を得て，実験因子を絞り込むことができます．

　第7章の要因系統図は，市場異音クレーム低減のための製品構造最適化を目的に，実験因子の絞り込みや合意形成に活用しています．このような場合，不具合メカニズムから構造的な要因追及を行い，実験に取り上げる因子を段階的に絞り込むことが重要です．そこでまず，系統図の1次要因を不具合メカニズムで層別整理しています．つぎに，これをもとに構造別に層別整理し，段階的かつ論理的に詳細な要素に展開していきます．最後に，実験因子として取り上げる要素を絞り込むために2元表を活用して評価を行います．2元表は，要因と経済性，効果，技術的な知見などを簡易的に◎，○，△，×などで評価します．その結果，関係者から，さらなる知見や速やかな合意を得て，実験因子を絞り込むことができます．　**（澤田昌志，角谷幹彦）**

Q6. 多因子要因計画の**分割実験**は，どのように構成したらよいかを教えてください.

A6. 今回，多因子要因計画の分割実験は，ECU の放熱設計緒元の最適化において，実験のランダマイズが困難な中，できる限り，精度よく効率的な実験を計画して実施することを目的に活用しています. ランダマイズが困難なのは，ECU の組換えに時間がかかることや，ハンダの付け替えに時間がかかるためです. このような場合，まず 図 3.6 のように，ランダマイズできる単位で実験をイメージ化することが重要です. このイメージをもとに，最もランダマイズが困難な *A*, *B* を 1 次因子として 2 元配置の組合せでまとめます. つぎに困難な *C* を 2 次因子として配置し，最後にランダマイズが容易な *D* を 3 次因子として 2 次因子の水準単位にまとめ実験を計画します.

　このケースでは 図 3.10 のような構造と考えて多段分割実験を構成しています. 分割実験には，他に**多方分割実験**や**枝わかれ実験**などがあり詳細は，谷津 (1991) などを参照してください.

（澤田昌志，角谷幹彦）

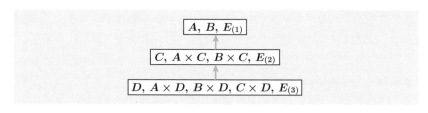

図 3.10

A7. 水準の設定には，どのような点に気をつけたらよいですか？

A7. 下記の点に注意し，実験の目的にあった水準の選び方をする必要があります.

(1)　応答の平均を現状から変更したい場合には，因子の水準の一方は標準的な値，他方は標準から離れた値にするとよいでしょう. また，因子について作業標準で中心値 ± 許容幅のように与えられている場合には，一方は中心値，他方は許容幅を超えるように設定するのがよいでしょう.

(2)　応答のばらつきに因子が与える影響を評価したい場合には，因子が現実的にばらついている状態が再現するように水準を選ぶとよいでしょう.

(3)　研究開発段階では，応答に与える影響を広範囲に調べる必要があります. そ

のためには，少なくとも1つ以上の水準を大胆に設定することが好ましいです．

(4)　大胆に水準を変化させた実験では，対象としている応答でよい結果が得られても，他の応答に悪影響が出る場合があります．大胆に水準を変化させる場合には，どのような応答変数に副次的影響が出るかを事前に検討する必要があります．

（山田　秀）

4 油圧特性解析法の L_{16} 直交表を用いるシミュレーション実験による確立

要旨 現在，自動車のブレーキ安全装置として，ほとんどの車両に搭載されているアンチロックブレーキシステム（ABS）は，電子制御装置（ECU），車輪速センサ，ブレーキ油圧制御ユニット（アクチュエータ）から構成されている．これは，主に滑りやすい路面でのブレーキ操作において，車輪のロックを防止し，安全に車を止める装置である．この装置は，各車輪に配置された車輪速センサによって ECU がタイヤと路面のスリップ状態を感知し，アクチュエータを通じて，各車輪ごとにブレーキの油圧を細かく減圧，増圧の制御をし，車輪のロックを防止するものである．

　本章では，この装置の普及過程において，低コスト化や車種展開などの課題に，油圧シミュレーションと統計的品質管理手法を活用した取組みである．シミュレーションに統計的品質管理手法を効果的に組み合わせ，車種展開を踏まえたアクチュエータの設計成立性を短期間で見極められるようにしている事例である．

読みどころ 本事例では，開発した ABS アクチュエータにおける油圧特性のシミュレータにより，アクチュエータの設計因子の水準を変えて実験を行い，これらの因子が油圧特性にどのような影響を及ぼすかを明確にしている．その結果は，重回帰分析による予測式としてまとめられている．この予測式には実用上十分な精度があるので，シミュレータにより実際に計算をすることなく，この予測式で種々の因子の水準を変更させ，製品設計が成立する水準を導いている．シミュレーション実験の代替となる予測式の導出は，多くの場で望まれている．本事例のアプローチ法は，その参考となる．

4.1.1 **製品と油圧システムの概要**

従来の ABS アクチュエータには，図 **4.1** に示すように，モータ付き 2 系統の油圧ポンプが 1 セット，ノーマルオープン型 2 ポート 2 位置電磁弁（NO 型電磁弁）が 4 個，ノーマルクローズ型 2 ポート 2 位置電磁弁（NC 型電磁弁）が 4 個，油圧の一時排出用リザーバが 2 個含まれる．これらのコンポーネントを，切削加工により油圧回路を形成したアルミボデーの中に組み込み，油圧システムを構成している．しかし，特に複雑な電磁弁において，非常に部品点数が多く，低コスト化が困難になるという課題がある．

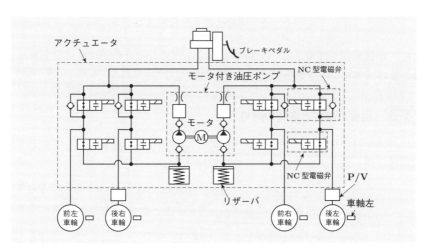

図 **4.1** 従来のアクチュエータ

これに対して今回新規開発した ABS アクチュエータは，図 **4.2** に示すように，従来に比べ電磁弁を半減し NO 型を 4 個としている．また，リザーバを 2 個廃止して，油圧システムを構成することで低コスト化をはかっている．しかしながら，課題としては，NC 型電磁弁とリザーバを廃止したことで，ブレーキ油圧を急速に排出できなくなり，モータ付き油圧ポンプの吸込み能力により制約を受け，減圧性能のばらつきが大きくなったことがあげられる．また，車輪ごと（2 輪）のブレーキ圧の独立性を 2 個のオリフィスによる差圧で実現させているため，製品として成立する設計の領域が不明確であり，車種展開の際に大きな開発ロスの発生が予測される．こ

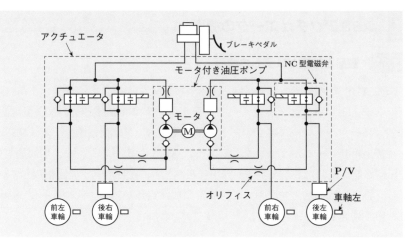

図 4.2　開発品アクチュエータ

のため，車種展開を踏まえつつ，製品として成立する設計の領域を検討できる精度のよいシミュレーション技術の開発が必要である．

4.1.2　目標の設定と活動の進め方

　油圧特性解析法をシミュレーションによって確立し，新規開発したアクチュエータの車種展開を踏まえた設計成立性を短期間で見極めができるようにする．活動については，図4.3のように，文献調査などで現状を把握して目標を設定し，要因を洗い出し，シミュレーションを中核にして対策を考えて進める．

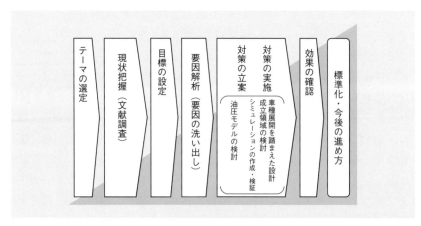

図 4.3　活動の進め方

4.2 要因の洗い出しと仮説の検証

4.2.1 要因の洗い出しと仮説の検証の進め方

過去の経験からコンポーネントごとに要因を洗い出し，つぎに文献を参考に，仮説として理論式を立てる．一部で簡単な実験を行い，補正係数を使って合わせ込みを行う．これをもとに，重要と考えられる仮説を中心に検証を行い，その結果を踏まえて油圧モデルの検討を実施する．その概要を図 4.4 に示す．この図のように，ABS 減圧性能のばらつきを，ポンプ，モータ，管路，その他に分けて考え，それぞれについて要因を列挙している．このとき応答値は，前輪，後輪それぞれの減圧勾配の 2 つを考える．

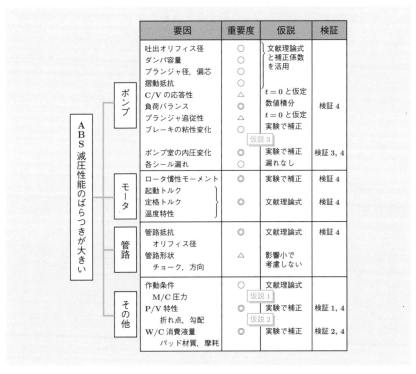

図 4.4 要因の洗い出し

4.2.2　仮説の検証

　主な仮説1〜3に対して，個別に検証1〜3で確認し，仮説の総合的な検証のために，対策と効果の確認として検証4を考え進める．

仮説1：P/V 特性の検証

　第1の仮説は，よくわかっていない減・増圧中の動的なP/V特性について，確認できている静的な理論式を用いて，必要に応じて実験結果で補正すれば，精度よくシミュレーションに組み込めるというものである．ここで，P：プロポーショニング，V：バルブである．またP/V特性とは，図4.5に示すとおり，ブレーキ油圧の前・後輪への配分特性のことである．これにより，ブレーキによる車両重心の移動に対応して，前・後輪のブレーキ力を適切に調節する．例えば，前方に向かって走行中にブレーキをかけると車重は後輪に比べ前輪に集中するため，前輪により大きなブレーキ力をかける必要がある．このときに後輪にブレーキ力がかかりすぎると，タイヤがロックしやすくなる傾向にある．一般的に，配分の変更前は

$$後輪ブレーキ圧 ＝ 前輪ブレーキ圧$$

とし，配分の変更後は，車両に応じて適切に配分するための係数 α，β を用いて

$$後輪ブレーキ力 ＝ \alpha \times 前輪ブレーキ圧 ＋ \beta$$

とする．

　そこで，実験にて減・増圧中のP/V特性を測定し，これと静的な理論式との比較検証を行う．この結果を図4.5に示す．これから，ヒステリシスの影響はあるが，

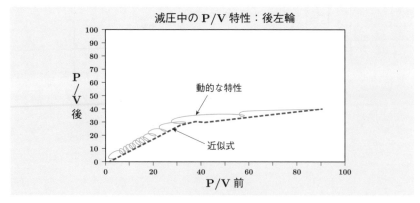

図4.5　P/V特性の検証

結局弧を描いて理論式に戻ってくるため，補正せずそのまま活用が可能であることがわかる．

仮説 2：W/C の消費液量特性の検証

つぎの仮説は，理論式がない W/C の消費液量特性について，これまで使ってきた近似式を，実験結果で補正すれば精度よくシミュレーションに組み込むことができるというものである．ここで，W/C はホイールシリンダである．また，W/C の消費液量特性とは，ゴムシール，ブレーキホースなどの W/C の各油圧要素部品が，圧力の増加とともに変形（容積が変化）するため，この圧力と消費液量としての容積変化の関係を定義したものである．この関係については，図 **4.6** を参照されたい．

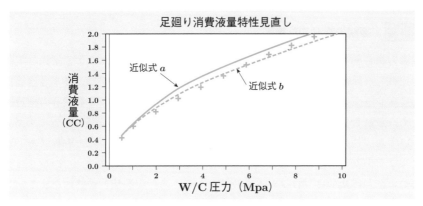

図 4.6 **W/C の消費液量特性の検証**

この図のように，実験で実際の消費液量特性と，近似式 a，b について比較検証をする．その結果，補正は必要ではあるが，近似可能と考えられる．その際，近似式 b の方が測定値に近いためこれを用いる．

仮説 3：ポンプ室の内圧変化に対する検証

仮説 3 として，ポンプ吸込室の内圧変化から，吐出工程中もまだ吸い込んでいるという点があげられる．当初，ポンプ吸込室の内圧変化は，単純にサインカーブによって計算できると考えていたが，特に低負荷時に精度が悪くなることがわかり，これからこの仮説が考えられている．そこで，図 **4.7** の実験を行った結果，確かに実際の吸込み工程は吐出工程にかかっていることが確認できる．

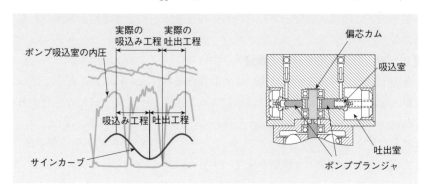

図 4.7　ポンプ室内圧変化の検証

4.2.3　仮説の総合的な検証

　仮説の総合的な検証のために，シミュレータを作成し，これによる結果と実験値とを比較し，前述の仮説 1 から 3 の検証とする．シミュレータは，まず各理論式からシミュレーションプログラムを作成する．プログラムは，今後も設計の検討に使うため，設計者自身で中身を十分理解できるように，汎用的なプログラミング言語で作成する．このプログラムの特徴は，理論式，近似式を活用した方程式を，現実的にルンゲ・クッタ法による数値積分を使って解いたことにある．このシミュレータについて，逐次的にプログラムを改善したところ，実験値と最終的なシミュレーション値の相関係数 r は 0.997 という高い値となった．その概要を図 4.8 に示す．これより，前述の仮説が総合的に検証されたとともに，実用上十分な精度を持つシ

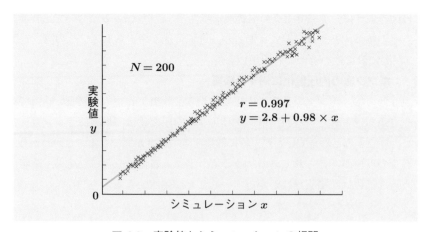

図 4.8　実験値とシミュレーションの相関

ミュレーション技術が開発できたことになる.

4.3 油圧特性予測式の直交表実験による算出と考察

4.3.1 直交表を活用したシミュレーション実験

　車種展開のために，設計に関する因子と使用条件にかかわる因子を取り上げ，開発したシミュレータによる実験を行い，油圧特性について製品として成立する設計の領域を明確にする．設計が成立する領域の確認に際しては，検討するべきパラメータが多く，シミュレーションに時間がかかるため，少ない実験で効率的に確認ができる直交表を用いて実験を計画する．また，収集したデータは，**重回帰分析**で予測式を求め，設計が成立する領域を効率よく概観できるようにする．予測式に基づいて，製品として成立する設計の領域を求める，そこからの詳細な設計は，シミュレーションおよび実機で確認する.

　実験にあたって，応答としてつぎの y_1，y_2 を用いる.

(1)　前輪油圧の減圧勾配：　y_1

(2)　後輪油圧の減圧勾配：　y_2

つぎに因子と水準は，**表 4.1** に示すとおり，ABS アクチュエータの設計因子である A：プランジャ径や使用条件にかかわる因子，B：偏芯量などに加え，使用条件にかかわる因子である C：モータ無負荷回転数，$\cdots$，J：車両消費液量を取り上げる．これらの水準は，求める予測式が広範囲に用いられることを考慮し，広範囲に水準を設定している．この実験において，**要求される線点図は図 4.9** である．要求される線点図を $\boldsymbol{L_{16}(2^{15})}$ **直交表**について用意されている**線点図**に組み込んだものを，

表 4.1　因子と水準

因子名	水準 1	水準 2
A：プランジャ径	7	9
B：偏芯量	0.85	1
C：モータ無負荷回転数	3000	4000
D：F_r アウトレットオフィリス	0.3	0.4
F：R_r アウトレットオフィリス	0.3	0.4
G：F_r 切替後オフィリス	0.3	0.4
H：R_r 切替後オフィリス	0.3	0.4
J：車両消費液量	0.15	0.2

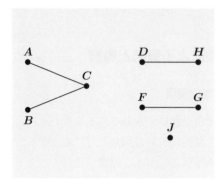

図 4.9　要求される線点図

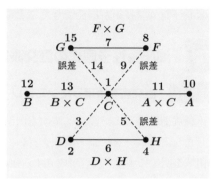

図 4.10　用意されている線点図への組込み

表 4.2　$L_{16}(2^{15})$ への因子の割付けと実験結果

No.	[1] C	[2] D	[3] J	[4] H	[5] 誤差	[6] D×H	[7] F×G	[8] F	[9] 誤差	[10] A	[11] A×C	[12] B	[13] B×C	[14] 誤差	[15] G	y_1	y_2
1	1	1	1	1	1	1	1	1	1	1	1	1	1	1	1	143	287
2	1	1	1	1	1	1	1	2	2	2	2	2	2	2	2	173	769
3	1	1	1	2	2	2	2	1	1	1	1	2	2	2	2	151	332
4	1	1	1	2	2	2	2	2	2	2	2	1	1	1	1	168	544
5	1	2	2	1	1	2	2	1	1	2	2	1	1	2	2	164	279
6	1	2	2	1	1	2	2	2	2	1	1	2	2	1	1	133	216
7	1	2	2	2	2	1	1	1	1	2	2	2	2	1	1	168	316
8	1	2	2	2	2	1	1	2	2	1	1	1	1	2	2	120	177
9	2	1	2	1	2	1	2	1	2	1	2	1	2	1	2	146	465
10	2	1	2	1	2	1	2	2	1	2	1	2	1	2	1	171	1081
11	2	1	2	2	1	2	1	1	2	1	2	2	1	2	1	150	559
12	2	1	2	2	1	2	1	2	1	2	1	1	2	1	2	169	1127
13	2	2	1	1	2	2	1	1	2	2	1	1	2	2	1	290	485
14	2	2	1	1	2	2	1	2	1	1	2	2	1	1	2	222	423
15	2	2	1	2	1	1	2	1	2	2	1	2	1	1	2	274	452
16	2	2	1	2	1	1	2	2	1	1	2	1	2	2	1	210	365
成分	a		a		a		a		a		a		a		a		
		b	b			b	b			b	b			b	b		
				c	c	c	c					c	c	c	c		
								d	d	d	d	d	d	d	d		

表 4.3　前輪油圧の減圧勾配：y_1 の分散分析表

(a)　プーリング前

要因	S	ϕ	V	F	p
A：プランジャ径	5700.25	1	5700.25	76.599	0.003
B：偏芯量	64.00	1	64.00	0.860	0.422
C：モータ無負荷回転数	10609.00	1	10609.00	142.562	0.001
D：F_r アウトレットオフィリス	6006.25	1	6006.25	80.711	0.003
F：R_r アウトレットオフィリス	900.00	1	900.00	12.094	0.040
G：F_r 切替後オフィリス	12.25	1	12.25	0.165	0.712
H：R_r 切替後オフィリス	64.00	1	64.00	0.860	0.422
J：車両消費液量	10506.25	1	10506.25	141.181	0.001
$A \times C$	156.25	1	156.25	2.100	0.243
$B \times C$	49.00	1	49.00	0.658	0.477
$D \times H$	110.25	1	110.25	1.482	0.311
$F \times G$	20.25	1	20.25	0.272	0.638
誤差 E	223.25	3	74.42		
合計	34421.00	15			

(b)　プーリング後

要因	S	ϕ	V	F	p
A：プランジャ径	5700.25	1	5700.25	81.519	< 0.001
C：モータ無負荷回転数	10609.00	1	10609.00	151.720	< 0.001
D：F_r アウトレットオフィリス	6006.25	1	6006.25	85.896	< 0.001
F：R_r アウトレットオフィリス	900.00	1	900.00	12.871	0.005
J：車両消費液量	10506.25	1	10506.25	150.250	< 0.001
誤差	699.25	10	69.92		
合計	34421.00	15			

図 4.10 に示す.

　因子 A から J の主効果，交互作用の列について，作成したシミュレータによる実験結果と合わせてまとめたものを表 4.2 に示す．このデータをもとに，y_1 について作成した分散分析表を表 4.3 に，y_2 について作成した分散分析表を表 4.4 に示す．これらの分散分析表において，上段はすべての項を取り込んでいるのに対し，下段は $F = 2$ を目安に要因効果を誤差にプーリングしている.

　表 4.3 より，y_1：前輪油圧の減圧勾配について，交互作用は無視しうるほど小さ

表 4.4　後輪油圧の減圧勾配：y_2 の分散分析表

(a)　プーリング前

要因	S	ϕ	V	F	p
A：プランジャ径	310527.6	1	310527.6	37.706	0.009
B：偏芯量	10972.6	1	10972.6	1.332	0.332
C：モータ無負荷回転数	259335.6	1	259335.6	31.490	0.011
D：F_r アウトレットオフィリス	375462.6	1	375462.6	45.591	0.007
F：R_r アウトレットオフィリス	145733.1	1	145733.1	17.696	0.025
G：F_r 切替後オフィリス	1827.6	1	1827.6	0.222	0.670
H：R_r 切替後オフィリス	1105.6	1	1105.6	0.134	0.738
J：車両消費液量	19810.6	1	19810.6	2.406	0.219
$A \times C$	11935.6	1	11935.6	1.449	0.315
$B \times C$	4658.1	1	4658.1	0.566	0.507
$D \times H$	175.6	1	175.6	0.021	0.893
$F \times G$	10455.1	1	10455.1	1.270	0.342
誤差	24706.2	3	8235.4		
合計	1176705.4	15			

(b)　プーリング後

要因	S	ϕ	V	F	p
A：プランジャ径	310527.6	1	310527.6	39.882	< 0.001
C：モータ無負荷回転数	259335.6	1	259335.6	33.308	< 0.001
D：F_r アウトレットオフィリス	375462.6	1	375462.6	48.222	< 0.001
F：R_r アウトレットオフィリス	145733.1	1	145733.1	18.717	0.001
誤差	85646.7	11	7786.1		
合計	1176705.4	15			

い．また，主要な因子は A，C，D，F，J の主効果であり，これらの主効果に比べ小さいものの F の主効果も存在する．また表 4.4 より，y_2：後輪油圧の減圧勾配についても交互作用は無視しうるほど小さいことがわかる．この y_2 について主要な因子は A，C，D，F であり，これらは y_1 と共通である．そこで，これらの主要な因子を用いて y_1，y_2 に関する予測式を作成し，製品として成立する設計の領域を求める．

4.3.2 重回帰分析による予測式の算出

直交表を用いた実験の際，シミュレータで y_1, y_2 を求める際には，因子 A から J について，具体的な水準値を入力している．この水準値を用いて実験結果をまとめると，表 4.5 となる．すべての因子が連続量であり，その効果を定量的に把握するために，重回帰分析により y_1, y_2 の予測式を作成する．その際，表 4.3，表 4.4 において主要な因子が特定されているので，それらを用いる．

表 4.5　実験水準一覧と実験結果

No.	A	B	C	D	F	G	H	J	y_1	y_2
列番号	[10]	[12]	[1]	[2]	[8]	[15]	[4]	[3]		
1	7	0.85	3000	0.3	0.3	0.3	0.3	0.15	143	287
2	9	1.00	3000	0.3	0.4	0.4	0.3	0.15	173	769
3	7	1.00	3000	0.3	0.3	0.4	0.4	0.15	151	332
4	9	0.85	3000	0.3	0.4	0.3	0.4	0.15	168	544
5	9	0.85	3000	0.4	0.3	0.4	0.3	0.2	164	279
6	7	1.00	3000	0.4	0.4	0.3	0.3	0.2	133	216
7	9	1.00	3000	0.4	0.3	0.3	0.4	0.2	168	316
8	7	0.85	3000	0.4	0.4	0.4	0.4	0.2	120	177
9	7	0.85	4000	0.3	0.3	0.4	0.3	0.2	146	465
10	9	1.00	4000	0.3	0.4	0.3	0.3	0.2	171	1081
11	7	1.00	4000	0.3	0.3	0.3	0.4	0.2	150	559
12	9	0.85	4000	0.3	0.4	0.4	0.4	0.2	169	1127
13	9	0.85	4000	0.4	0.3	0.3	0.3	0.15	290	485
14	7	1.00	4000	0.4	0.4	0.4	0.3	0.15	222	423
15	9	1.00	4000	0.4	0.3	0.4	0.4	0.15	274	452
16	7	0.85	4000	0.4	0.4	0.3	0.4	0.15	210	365

得られた予測式は，つぎのとおりである．

$$y_1 = -56.750 + 18.875A + 0.051C + 387.50D - 150.00F - 1025.0J$$
$$y_2 = -1109.13 + 139.31A + 0.255C - 3063.75D + 1908.75F$$
$$(4.1)$$

また，寄与率などを表 4.6 に示す．この表の寄与率が示すとおり，y_1, y_2 ともに良好なあてはまりを示している．図 4.11 に，実測値と予測値の散布図を示す．応答変数 y_1, y_2 ともに，予測式からの外れである残差も実用上許容しうる大きさであり，これは表 4.6 に掲載している残差分散で定量的に評価できる．なお，今回は 2 水準であるため，直線をあてはめることと要因効果を求めることが同じ意味を持つため，

表 4.6 の残差分散と，表 4.3，表 4.4 の誤差分散が一致する．残差には，特にクセはなく，また各因子の方向性については偏回帰プロットにおいても傾向には問題がない．さらに，それぞれの因子の係数の符号は技術的な理論と整合しているなど，技術的にも納得しうるものになっている．このように実用上十分なあてはまりがあるため，この予測式を設計領域の評価に用いる．

表 4.6　重回帰分析における寄与率など

応答変数	寄与率 R^2	R^{*2}	R^{**2}	残差自由度	残差分散
y_1	0.980	0.970	0.961	10	69.92
y_2	0.927	0.901	0.877	11	7786.1

R^{*2}：自由度調整済み寄与率，R^{**2}：自由度 2 重調整済み寄与率

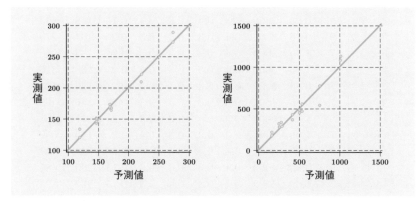

図 4.11　観測値と予測値の散布図

4.3.3　予測式の活用とまとめ

　得られた y_1，y_2 の予測式は，さまざまな用途で活用できる．その 1 つが，製品が安定する設計の領域の明確化，可視化である．式 (4.1) に，応答変数に求められる範囲を入力し，因子について解けば設計として成立する領域を探索することができる．その概要を図 4.12 に示す．すなわち，前出の予測式を，3 次元表示を使い多面的に表現することで，応答変数が目標とする値を達成する設計成立領域（設計の安定化領域）が効率よく明確になる．この結果をもとに，さらにシミュレーションの解析を実施し，高い精度の安定化領域がわかり設計諸元に落とし込みができる．

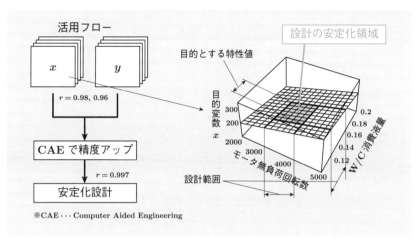

図 4.12 設計の安定化領域の見える化

　これらの取組みの標準化として，このシミュレーションプログラムを使った設計のやり方をマニュアル化し，設計基準としての登録を実施している．本事例は，油圧特性解析法をシミュレーションによって確立し，製品として成立する設計の領域を短期間で見極めることができたとともに，新規開発したアクチュエータの車種展開を容易にしている．

4.4 本事例のポイント

(1) 一般にシミュレータを用いる技術開発においては，

(a) シミュレータの妥当性を確認する

(b) シミュレーション結果を技術開発に効果的に役立てる

という 2 つの課題がある．本事例における (a) について，要因を系統図などを用いて体系的に洗い出し，それをもとに仮説 1 から 3 を導き，実際の実験とシミュレーション値を比較し，シミュレータの妥当性を確認している．また (b) について $L_{16}(2^{15})$ 直交表を用い，シミュレーションを実施せずとも結果が予測可能な近似式を導き，これにより詳細に検討をすべき設計の領域を求めている．これらの取組みは他においても参考になることから，設計のやり方をマニュアル化し，設計基準として登録し，活用している．

(2) 技術開発の際，固有技術的側面と統計的側面を何度も往復しながら，シミュレータの妥当性確認，予測式の導き出しをしている．本書の性質上，技術その

ものについて詳細は記述していない．一方，固有技術と連携した統計的手法の活用が十分になされている点は記述してあり，ここで連携の重要性を改めて強調したい．

(3) シミュレーション値の予測式を求める際，取り上げる因子がすべて量的なものであるので，重回帰分析により応答と因子の関係を推定し，実験に取り上げていない水準においても応答が予測できるようにしている．これにより，実験で取り上げた水準の間に設計として成立する領域がある場合にも，その見当がつけられるようになっている．このように因子が量的な場合には，要因効果を実験の水準値のみで推定するのではなく，重回帰分析で予測式を求め他の水準値でも応答変数が推定可能になるようにするとよい．

Q & A

Q8. 直交表による**一部実施要因計画**の概要を説明してください．

A8. 一部実施要因計画とは，複数の因子の水準組合せのすべてを実施するのではなく，そのうちの一部だけを実施することで，主効果，交互作用を求めるものです．例えば，2水準の因子 A, B, C, D があるときに，その水準組合せは (A_1, B_1, C_1, D_1)，(A_1, B_1, C_1, D_2), (A_1, B_1, C_2, D_1), ..., (A_2, B_2, C_2, D_2) という $2^4 = 16$ 通りあり，このすべてを実験するのが要因計画です．一部実施要因計画は，この16通りの中から例えば8回という一部を実施する計画です．また本文中では2水準因子が8あり，水準組合せは全部で $2^8 = 256$ あります．これらから，16回の実験で要因効果を推定する一部実施要因計画を2水準直交表 $L_{16}(2^{15})$ を用いて構成できます．

直交表とは，一部実施要因計画を効率的に構成することができる表であり，表 4.2 のように，行がそれぞれの実験に，列が因子の主効果，交互作用に対応します．直交表を使うには，推定したい主効果，交互作用を列に対応させます．これを割付けと呼びます．つぎに，因子の主効果が割り付けられた列に着目し，それぞれの行ごとに因子の実験水準を読み取ります．例えば，表 4.2 の第5行の場合には，$(A_2, B_1, C_1, D_2, F_1, G_2, H_1, J_2)$ が実験水準となります．このように実験水準を定め，実験を行いデータを収集します．収集したデータは，分散分析表により効果の大きさを調べ，つぎにどちらの水準が好ましいかなどを調べます． (山田 秀)

Q9. 直交表へ因子の割付けのために，**線点図，成分記号，2 列間の交互作用表**のどれを使ったらよいか教えてください．

A9. 実験で推定すべき主効果，交互作用が，他の主効果，交互作用と交絡せずに求められる割付けを探すのが目的であり，その目的が達成されるのであれば，線点図，成分記号，2 列間の交互作用表のどれを使ってもかまいません．現実的には，実験で推定すべき主効果，交互作用をもとに，点に因子を，線に交互作用に対応させる**要求される線点図**としてまとめ，それと形が近いものを用意されている線点図から探し，割付けを探す方法をおすすめします．本事例では，要求される線点図を図 4.9 としてまとめています．因子数，交互作用数を考慮すると $L_{16}(2^{15})$ を用いる必要があり，その線点図の中から，3 つの交互作用群が割付け可能なものを選び，図 4.10 のように用意されている線点図に組み込んでいます．成分記号，2 列間の交互作用表は，割付けのうえでは，上記の補完として用いるとよいでしょう．例えば，因子 A と因子 B の交互作用は考慮していないものの，もし存在するとしたらどの列に現れるのかなどは，成分記号，2 列間の交互作用表を用いるとすぐにわかります．　　　　(山田 秀)

5 クランクシャフト 加工精度の L_{16} 直交表 実験による確保

要旨 短期開発，短期設計，コンカレントエンジニアリングなど，技術者にとって時間との戦いが厳しい状況になっている．このような状況では，今までの成功経験，失敗経験を有効活用して，開発，設計を進めていくことが重要である．本事例は，クランクシャフト加工の重要な部位の1つであるピン部，ジャーナル部の精度について，従来の活動成果を総括して設備仕様に織り込み，精度を確保した事例である．

読みどころ 本事例では，好ましい設備仕様を探索するために，直交表を用いて多数の因子を取り上げて解析を行っている．その際，1つの因子が4水準で残りの因子が2水準である点を考慮し，$L_{16}(2^{15})$ 直交表に割り付けて実験を計画している．直交表実験により考慮すべき主効果，交互作用を明確にして好ましい設備条件を求め，最終的には確認実験をしている．仮説の整理，直交表実験，確認実験，標準への織り込みという一連の流れも参考になる．

5.1 クランクシャフトの概要と取組みの方針

5.1.1 対象部品

対象部品の**クランクシャフト**は，エンジンの構成部品の1つである．クランクシャフトには，図 5.1 に示すとおり，**ピン部**と**ジャーナル部**がある．ピン部は6箇所あ

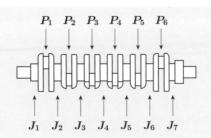

図 5.1　クランクシャフト

り，それらを $P_1, \ldots, P_6$ とする．ジャーナル部は 7 箇所あり，それらを $J_1, \ldots, J_7$ とする．これらには，表 5.1 に示す規格が設定されている．またクランクシャフトのピン部，ジャーナル部の精度は，エンジンの性能，耐久性に影響を及ぼす重要な要因である．クランクシャフトの加工工程は，7 つの工程で構成されており，その概要は図 5.2 に示すとおりである．

表 5.1　クランクシャフトの規格

応答値	規格	
	前回	今回
真円度	S_1	S_1
真直度	S_2	S_2
表面あらさ	S_3	$0.75 S_3$

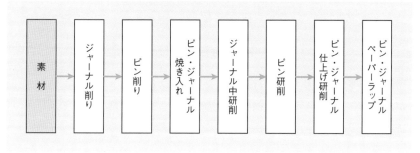

図 5.2　クランクシャフトの加工工程

5.1.2　問題の整理と絞り込み

　加工条件を効率的に設定するには，問題を絞り込み，ターゲットを明確にすることが必要である．本事例では過去の経験，知見と現状の把握を行い，問題を絞り込んでいる．今回は，クランクシャフトの新規設計に伴い，新ラインを計画どおりに立ち上げ，品質を確保することがねらいである．このため，現在量産中のクランクシャフトのライン立ち上げ時の経験を有効活用して進めることにする．

　前回の取組みでは，3 応答のうち表面あらさを確保することに非常に苦労している．今回は，その表面あらさの規格が従来の $\frac{3}{4}$ と，さらに要求が厳しくなっている．また，表面あらさの精度は，ペーパーラップ工程により確保されている．しかし，真円度と真直度はこの工程において精度が悪くなることが従来の知見として得られているが，明確な対応が取れていない．

5.1.3　既存設備での実力評価

　既存技術での実力を確認するため，既存設備によるジャーナル部の精度を調査する．1 日 1 個ずつ 5 日（週末を挟んで）にわたって計 5 個のワークを抜き取り，真円度，真直度，表面あらさを測定する．図 5.3 では，5 個のデータから得られた平均値と範囲を示している．また 3 つの応答値は，小さい方が好ましい．

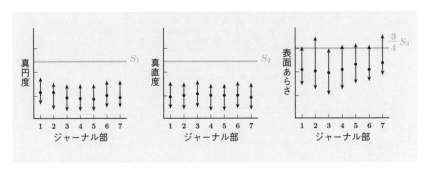

図 5.3　ジャーナル部の既存設備での精度（$n = 5$）

　この結果，今回の規格をあてはめた場合には，表面あらさが規格を外れてしまうことがわかる．また，ピン部も同様な状態であり，既存設備の仕様では今回の表面あらさの規格を満足することは困難であると考えられる．

5.1.4　精度確保に対する基本方針

　以上の検討より，ペーパーラップ工程での表面あらさ精度の確保を最重要課題として取り組むことにする．なおペーパーラップ機は，図 5.4 に示すような機構である．ワークに砥粒のついたペーパーを押し付け，ワークを回転および揺動させて表面あらさを向上させる機構である．真円度と真直度は，従来と同じ規格でかつ現量産

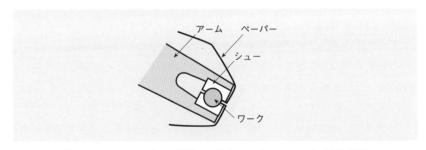

図 5.4　ペーパーラップ機におけるワーク，ペーパー等の概要

ラインで工程能力を十分確保できているので，最初に規格が厳しくなり工程能力の確保に困難が予想される表面あらさについて取り上げる．そしてその精度が確保できる条件を探索し，その条件で真円度と真直度の精度を確認するという流れで行う．

5.2 精度向上のための実験の計画

5.2.1 不足知識を補うための実験の方針

目標の達成に向け，問題の絞り込みをもとに解決の過程を計画立案する．その結果を図 5.5 に示す．前回のプロジェクトでは，真円度，真直度，表面あらさという3 つの応答を一緒に検討したものの，応答値間の背反関係や要因効果の定量的把握が十分でなかったため，真円度，真直度は確保されたものの，表面あらさの確保に問題が生じている．そこで，今回は実験を計画する段階からこれらの点を考慮する．

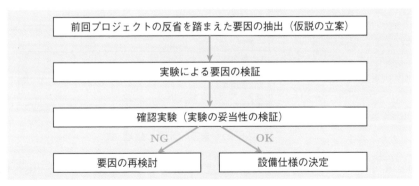

図 5.5 計画の概要

5.2.2 因子の検討

ピン，ジャーナル部の表面あらさについて，精度を確保するための要因を洗い出す．さらに，末端の要因については，前プロジェクトの反省を含む今までの経験で得られている知見を整理し，実験に取り上げる因子の選定を行う．今までの知見を整理したものを，図 5.6 に示す．

回転数は，ピン部とジャーナル部で最適な回転数が異なることが従来の知見からわかっている．オシレート数，ペーパー押付け圧は多い方が切削量が増し，よくなるが，設備への負荷を考えるとできる限り小さく設定したい．また，加工時間は，生産性を考えると短い方がよく，粒度はペーパーメーカーのノウハウが現れている

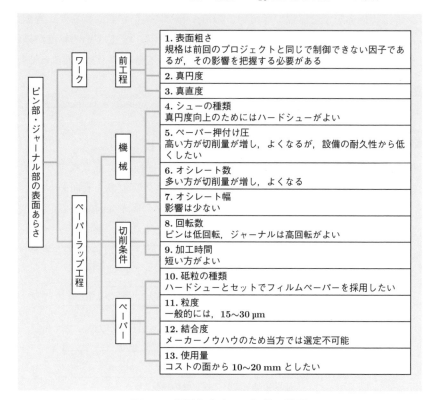

図 5.6　因子と今までの知見の整理

特性と考えられ，シューは種類により硬度が異なり，また硬度により真円度への影響のみが把握できている．これらの技術的知見を考慮し，回転数，オシレート数，ペーパー押付け圧，加工時間，粒度，シューの種類の 6 因子を取り上げ，実験を行う．

5.2.3　実験の計画

　応答は，ジャーナル部（$J_1, \ldots, J_7$），ピン部（$P_1, \ldots, P_6$）の表面あらさとし，これらを測定する．実験に取り上げる 6 つの因子について，改善の方向性を探るため，既設設備の条件と改善できると思われる方向での条件の 2 水準を設定する．加えて，固有技術的に明確にしたい 5 つの交互作用を取り上げる．さらに，工程前における表面あらさが工程後に影響するかどうかを吟味するため，制御できない因子ではあるがこれを補助変量として工程前に測定を行う．取り上げる因子と水準をま

とめたものを，表 5.2 に示す[1]．

表 5.2 **実験に取り上げる因子と水準**

因子	水準 1	水準 2	水準 3	水準 4
A：回転数（rpm）	130	150*	—	—
B：オシレート数	100*	150	—	—
C：ペーパー押付け圧	20*	25	—	—
D：加工時間（s）	12*	17	—	—
F：粒度（µm）	20	30*	—	—
G：シューの種類	UR*	WA	UB	WB
交互作用	$A \times B$, $A \times C$, $A \times D$, $A \times F$, $B \times D$			

注：* は既存設備の条件．

実験の大きさは，取り上げた因子と交互作用の自由度を考えると $L_{16}(2^{15})$ 直交表で十分であるので，この線点図を用いて割り付ける．図 5.7(a) に要求される線点図を，図 5.7(b) に用意されている線点図に組み込む概要を示す．

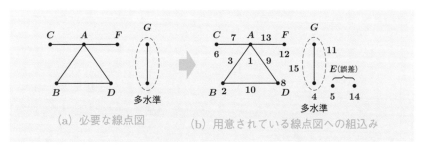

図 5.7 **要求される線点図を用意されている線点図に組み込む概要**

2 水準系の直交表を用いて 4 水準の因子を割り付けるには，任意の 2 列とその交互作用の現れる列の合計 3 列を用いる．今回は，[4] 列，[11] 列とその交互作用が現れる [15] 列を用いる．具体的な水準設定は，[4] 列の水準が 1 で [11] 列の水準が 1 の場合は第 1 水準，[4] 列の水準が 1 で [11] 列の水準が 2 の場合は第 2 水準，[4] 列の水準が 2 で [11] 列の水準が 1 の場合は第 3 水準，[4] 列の水準が 2 で [11] 列の水準が 2 の場合は第 4 水準とする．

この方法は**多水準法**とも呼ばれ，質的な因子を取り上げるときに有効な方法であ

---

[1] 事例部は，小泉（1993）をもとに筆者（久保田享）が人工データを生成し記述を追加している．

る．量的な因子の場合，線形性がわかっている場合は2水準，2次の傾向が考えられる場合は3水準を設定することにより，要因効果図などで必要な情報を得ることができる．しかし質的な因子の場合，実験に取り上げない水準の情報は得ることができないので，水準数が多くなっても実験に取り上げる必要がある．無理に水準の絞り込みを行い2水準にすると，追加の実験が必要となり，結果として総実験回数が多くなってしまうこともある．因子を絞り込むための実験では，取り上げたい因子と水準のすべてを含むことが大切であるので，2水準系の直交表を用いる実験では，主効果，交互作用の関係にある3列を用いて4水準の設定を行うことがよく行われる．表5.3 に，今回の実験で取り上げる計画を示す．なお実際に実験を行う場合には，無作為な順序で実施する．

表5.3　$L_{16}(2^{15})$ 直交表を用いた実験計画

No.	A [1]	B [2]	A×B [3]	[4]	[11]	[15]	G	[5]	C [6]	A×C [7]	D [8]	A×D [9]	B×D [10]	F [12]	A×F [13]	[14]
1	1	1	1	1	1	1	→ 1	1	1	1	1	1	1	1	1	1
2	1	1	1	1	2	2	→ 2	1	1	1	2	2	2	2	2	2
3	1	1	1	2	1	2	→ 3	2	2	2	1	1	1	2	2	2
4	1	1	1	2	2	1	→ 4	2	2	2	2	2	2	1	1	1
5	1	2	2	1	2	2	→ 2	1	2	2	1	1	2	1	1	2
6	1	2	2	1	1	1	→ 1	1	2	2	2	2	1	2	2	1
7	1	2	2	2	2	1	→ 4	2	1	1	1	1	2	2	2	1
8	1	2	2	2	1	2	→ 3	2	1	1	2	2	1	1	1	2
9	2	1	2	1	2	2	→ 2	2	1	2	1	2	1	1	2	1
10	2	1	2	1	1	1	→ 1	2	1	2	2	1	2	2	1	2
11	2	1	2	2	2	1	→ 4	1	2	1	1	2	1	2	1	2
12	2	1	2	2	1	2	→ 3	1	2	1	2	1	2	1	2	1
13	2	2	1	1	1	1	→ 1	2	2	1	1	2	2	1	2	2
14	2	2	1	1	2	2	→ 2	2	2	1	2	1	1	2	1	1
15	2	2	1	2	1	2	→ 3	1	1	2	1	2	2	2	1	1
16	2	2	1	2	2	1	→ 4	1	1	2	2	1	1	1	2	2

5.3 L_{16} 直交表実験データの解析

5.3.1 実験結果

　実験は，量産に用いている設備とワークを用い，1つのワークから部位ごとのデータを測定する．得られた結果は，表 5.4，表 5.5 に示すとおりである．また毎回条件を設定し直し，正しく無作為化されて行われたこと，条件設定が確実に行われたことを確認している．

　確認の方法は，すべての実験に立ち会うことができなかったので，実験を実施した担当者に実験の順序と条件設定の方法をたずねることを最初に行った．具体的にどのように条件設定と加工を行い，どのようにデータを取ったかを，時系列で教えてもらう方法をとった．これにより，ミスはなく実験が行われたことが確認できた．

表 5.4　ジャーナル部の実験結果と前工程の表面あらさ

No.	J_1	J_2	J_3	J_4	J_5	J_6	J_7	前工程の表面あらさ
1	18	20	17	15	20	22	19	55
2	33	33	34	31	37	31	32	53
3	37	38	36	39	36	35	38	56
4	32	30	33	34	30	30	31	54
5	32	35	31	30	33	34	33	52
6	37	35	38	39	39	35	36	55
7	33	32	34	31	32	35	32	59
8	18	19	17	20	16	16	19	56
9	23	22	24	25	24	21	22	53
10	28	30	27	26	29	30	29	52
11	42	41	43	44	41	40	41	57
12	23	24	22	21	21	25	24	56
13	27	25	28	29	29	23	26	54
14	42	40	41	40	44	46	43	58
15	28	28	29	26	24	30	27	51
16	24	23	25	26	20	20	23	56

表 5.5 ピン部の実験結果

No.	P_1	P_2	P_3	P_4	P_5	P_6
1	28	31	33	32	26	22
2	39	41	43	35	41	36
3	32	29	34	36	30	26
4	29	27	27	25	26	35
5	29	34	26	33	31	34
6	32	34	34	27	30	39
7	39	36	37	44	41	32
8	23	21	25	19	21	29
9	25	28	23	30	27	29
10	37	39	39	31	35	30
11	43	39	41	47	46	38
12	18	16	20	15	16	25
13	24	27	22	29	26	29
14	37	29	39	35	35	31
15	31	28	30	25	33	35
16	30	28	32	26	28	26

　また，これらに加え，得られたデータを吟味することも行った．部位ごとに範囲を算出し，その値の最大と最小の比について大きな食い違いがないことをチェックした．さらに，実験の順序で範囲の変化を見ることも行い，クセや傾向がないことも確認した．これらの確認を行った結果，異常なデータはないと判断できたので解析を行うこととした．

　実験では，前工程での表面あらさのばらつきが実験結果に影響しないレベルのワークを選んだため，ばらつきは大きいといえるほどではない．現在量産されている工程では，前工程の表面あらさは70（μm）以下で管理されており，70（μm）以下であれば最終の表面あらさに影響を与えないことがわかっている．今回の実験に用いたワークは，前工程の表面あらさが51〜59（μm）の範囲に収まっている．また，現量産でのばらつきは，1日の品質確認のデータから範囲で見ると12程度である．今回の実験に用いたワークの範囲は8であるので，現量産のばらつきと比べて同等または同等より小さいと考えられる．これらのことから，前工程の表面あらさのばらつきが大きいとは考えにくい．

結果の解析

ジャーナル部の解析

表 5.4 のデータについて，分散分析を行った結果を表 5.6 に示す．なお，ここで
は，7 つのジャーナル部のデータをすべて用い，計 $16 \times 7 = 112$ 個のデータを同時
に解析している．また，この表において誤差は，$L_{16}(2^{15})$ における第 [5]，[14] 列か
ら求められる．さらに，自由度が 96 の誤差は，とりあげた要因と誤差 [5][14] 以外
の残りの変動をあらわしている．したがって，ジャーナルの部位間の変動はこの誤
差に含まれる．

表 5.6　ジャーナル部の分散分析表（プーリング前）

要因	S	ϕ	V	F	p
A	10.32	1	10.321	1.41	0.357
B	5.14	1	5.143	0.702	0.490
C	1989.14	1	1989.143	271.688	0.004
D	7.00	1	7.000	0.956	0.431
F	3045.14	1	3045.143	415.922	0.002
G	868.10	3	289.369	39.524	0.025
$A \times B$	5.14	1	5.143	0.702	0.490
$A \times C$	7.00	1	7.000	0.956	0.431
$A \times D$	0.14	1	0.143	0.02	0.902
$A \times F$	11.57	1	11.571	1.58	0.336
$B \times D$	12.89	1	12.893	1.761	0.316
誤差 [5][14]	14.64	2	7.321	2.24	0.112
誤差	313.71	96	3.268		
合計	6289.96	111			

　誤差 [5][14] と誤差について分散を比較すると，その比は 2 倍を若干超えた程度で
あり，これらをプールして新たに分散分析を行う．また，因子 C，F，G の主効果
の変動は大きいが，残りについては大きな変動が見られないため，これらも誤差に
プールする．その結果をまとめたものを表 5.7 に示す．また，効果が認められる C，
F，G について，要因効果図を図 5.8 に示す．

表 5.7　ジャーナル部の分散分析表（プーリング後）

要因	S	ϕ	V	F	p
C	1989.14	1	1989.143	544.027	< 0.001
F	3045.14	1	3045.143	832.84	< 0.001
G	868.10	3	289.369	79.142	< 0.001
誤差	387.57	106	3.656		
合計	6289.96	111			

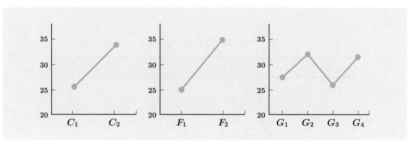

図 5.8　ジャーナル部の要因効果図

　ペーパー押付け圧は小さい方が，粒度も小さい方が表面あらさによいことがわかる．ペーパー押付け圧は大きいと切削量が増し，表面あらさによい影響を及ぼすと考えて，現在の設備条件より少し大きい水準を設定したが，今回の実験ではペーパー押付け圧が小さい方が表面あらさによいという結果が得られた．すなわち，現在の設備で採用している条件が，適切であることを確認することができた．

　粒度は，一般的に適切といわれている範囲の中でも小さい方が表面あらさによいことがわかった．シューについては，種類により大きく影響することがわかった．これはシューの種類により硬さに差があり，このことから影響が大きかったと考えられる．

ピン部の解析

　ジャーナル部と同様にピン部の解析を行うと，表 5.8 の分散分析表が得られる．この分散分析では，誤差 [5][14] と誤差を分散で比較すると，F 値は 6 を超えていて大きな違いがある．したがって，部位の違いによる変動に比べ，第 [5] 列，第 [14] 列と交絡している交互作用などが大きいことが考えられる．

　つぎに，要因について F 値が 2 より大きいことを目安にプーリングを行った分散分析表を表 5.9 に示す．また因子 F, G についての要因効果図は，図 5.9 のようになる．

表 5.8 ピン部の分散分析表（プーリング前）

要因	S	ϕ	V	F	p
A	38.76	1	38.76	0.497	0.554
B	12.76	1	12.76	0.164	0.725
C	11.34	1	11.344	0.145	0.74
D	94.01	1	94.01	1.205	0.387
F	1971.09	1	1971.094	25.267	0.037
G	1015.11	3	338.372	4.338	0.193
$A \times B$	0.84	1	0.844	0.011	0.927
$A \times C$	14.26	1	14.26	0.183	0.711
$A \times D$	4.59	1	4.594	0.059	0.831
$A \times F$	55.51	1	55.51	0.712	0.488
$B \times D$	0.26	1	0.26	0.003	0.959
誤差 [5][14]	156.02	2	78.01	6.259	0.003
誤差	997.16	80	12.465		
合計	4371.74	95			

表 5.9 ピン部の分散分析表（プーリング後）

要因	S	ϕ	V	F	p
F	1971.09	1	1971.094	55.829	< 0.001
G	1015.11	3	338.372	9.584	0.002
誤差 [5][14]	388.36	11	35.306	2.832	0.004
誤差	997.16	80	12.465		
合計	4371.74	95			

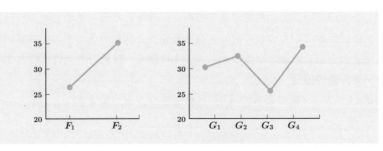

図 5.9 ピン部の要因効果図

　ジャーナル部と同様，粒度は一般的に適切といわれている範囲の中でも小さい方が表面あらさによいことがわかる．またシューについても，種類により大きく影響することがわかる．これも硬さの違いによる影響の差であると考えられる．また粒度とシューの種類の影響は，ジャーナル部とピン部で同様の傾向を示すことが確認できた．これらについては技術的に納得のいく結果である．なお，もしジャーナル部とピン部で要因の影響傾向が異なっているとしたら，技術的に説明をすることが難しいので，実験が正確に実施されたかどうかを再検討する必要があった．

5.3.3　結果の考察

　それぞれの要因効果図より，ジャーナル部，ピン部の最適条件は

$$\text{ジャーナル部：}\quad C_1 F_1 G_3$$
$$\text{ピン部：}\quad F_1 G_3$$

となる．背反になっている要因はないので両応答での**最適条件**は，

$$\text{最適条件：}\quad C_1 F_1 G_3$$

である．

　なお，その他の因子の中で，ジャーナル部，ピン部で異なる水準がよいとされている場合には，ピン部の表面あらさが悪いためピン部を優先し，少しでもよい方を選択することにする．

　上記の最適条件における工程平均は，以下のようになる．最初にモデルを用い点推定を行う．実験結果を受けての推定では，量産したときの分布の概要を知りたいので区間推定も行う．このため，有効反復数を求めて工程平均の区間推定も行う．有効反復数 n_e は，田口の式を用いて算出する．

　なお，ここで推定される区間推定はあくまでも工程平均であるので，個々のデータの分布ではないことに注意が必要である．推定した値を確認した後に確認実験を行う．確認実験でいくつかのデータをとるが，これらのデータの平均値が区間推定の結果と大きなくい違いがないかどうかを確認し，実験の妥当性を検討する．

ジャーナル部の推定

　水準 C_1，F_1，G_3 のときの母平均 $\mu(C_1 F_1 G_3)$ を**点推定**すると，

$$\widehat{\mu}(C_1 F_1 G_3) = \overline{y} + (\overline{y}_{C_1} - \overline{y}) + (\overline{y}_{F_1} - \overline{y}) + (\overline{y}_{G_3} - \overline{y}) = 16.9$$

となる．また**95%信頼区間**は，

$$\widehat{\mu}(C_1 F_1 G_3) \pm t(\phi_E, 0.05)\sqrt{\frac{V_E}{n_e}} = 16.9 \pm 0.88$$

となる.

ピン部の推定

水準 F_1, G_3 のときの母平均 $\mu(F_1 G_3)$ を推定すると,

$$\widehat{\mu}(F_1 G_3) = \overline{y} + (\overline{y}_{F_1} - \overline{y}) + (\overline{y}_{G_3} - \overline{y}) = 21.2$$

となる.また,この 95%信頼区間は

$$\widehat{\mu}(F_1 G_3) \pm t(\phi_E, 0.05)\sqrt{\frac{V_E}{n_e}} = 21.2 \pm 19.2$$

である.

なお,今回の実験における水準では,真円度,真直度がともにすべての条件で規格を満足することを確認した.また最適条件における工程平均を推定したところ,信頼限界を加味しても規格を満足していることがわかった.この規格限界は個々のデータについて与えられているので,直接的な比較には意味はあまりないが,水準設定に大きな問題がないことを示している.

5.4 確 認 実 験

5.4.1 確認実験の結果

実験結果を検証するため,**確認実験**を行った.確認実験は,実験を行った設備と同じ設備で,2 日に分け 6 ワークからデータを測定した.図 5.10 では,確認実験で得られた 6 個のデータについて,平均値と範囲を示してある.この結果,ピン部の表面あらさについて規格外れが発生していることがわかる.

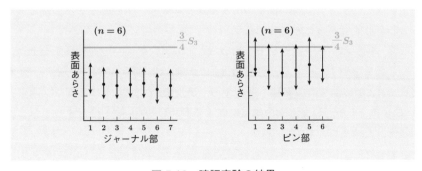

図 5.10 確認実験の結果

5.4.2　確認実験結果に対する考察

　前述の規格外れの原因を探索するため，前回の実験と同様に補助変量として測定していた前工程での表面あらさデータについて検討する．前工程での表面あらさデータを表 5.10 に示す．この結果，前工程のワーク表面あらさのほとんどが 70（μm）よりも大きいことがわかる．このため，前工程での表面あらさの影響を少なくする対策が必要になる．

表 5.10　確認実験における前工程でのワーク表面あらさ

サンプル No.	1	2	3	4	5	6
表面あらさ	71	69	73	74	71	72

　前工程のワーク表面あらさは，開発対象の設備では制御できない因子のため，実験には取り上げないものの，補助変量として測定する．なお，この場合の補助変量とは，水準を設定することに意味がないものの応答に影響を与えると思われる因子であり，影響の把握をしたい因子である．補助変量の影響を受ける可能性がある場合には，あらかじめデータを取っておく方がよい．

5.4.3　追加実験の実施

　前工程の表面あらさの影響を少なくするため，追加の検討を実施する．前工程の表面あらさの影響を少なくするには，ペーパーラップの切削量を増やす方策が考えられる．これは，前工程での表面あらさ以上の切削をすることで，すべての部分を切削することになり，前工程での加工跡が残らなくなるからである．切削加工は，前の加工の跡にさらに加工を加え，目標精度を実現していくものであるので，ペーパーラップ工程ですべての部位を切削することにより，表面あらさの影響を少なくすることが可能であると考えられる．

　そこで，粒度のあらいペーパーを用いるとともに，ペーパー押付け圧を上げ，オシレート数を増やす．そして，回転数と加工時間は前回の実験と同じとし，2 水準直交表 $L_8(2^7)$ により **追加実験** を計画する．追加実験で取り上げる因子と水準を表 5.11 に示す．また，追加実験の線点図による割付けを図 5.11 に示す．さらに因子を割り付けた結果を表 5.12 に示す．

表 5.11 追加実験で取り上げる因子と水準

因子	第 1 水準	第 2 水準
A：回転数	130	150
B：ペーパー押付け圧	25	35
C：加工時間	12	17
D：オシレート数	150	200

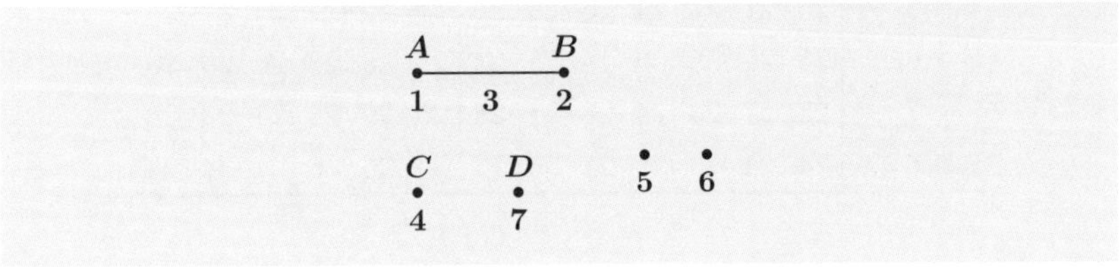

図 5.11 追加実験の線点図による割付け

表 5.12 追加実験の割付けと条件

No.	A 1	B 2	$A \times B$ 3	C 4	5	6	D 7
1	1	1	1	1	1	1	1
2	1	1	1	2	2	2	2
3	1	2	2	1	1	2	2
4	1	2	2	2	2	1	1
5	2	1	2	1	2	1	2
6	2	1	2	2	1	2	1
7	2	2	1	1	2	2	1
8	2	2	1	2	1	1	2

　追加実験の結果を，表 5.13 に示す．また，ジャーナル部の分散分析の結果を表 5.14，表 5.15 に示す．さらに，ピン部の分散分析の結果を表 5.16，表 5.17 に示す．これらの分散分析表においても，先と同様にプーリングを行っている．さらにジャーナル部，ピン部の要因効果図を図 5.12，図 5.13 に示す．

表 5.13　追加実験の結果

実験 No.	ジャーナル部							ピン部					
	1	2	3	4	5	6	7	1	2	3	4	5	6
1	30	32	32	31	30	28	30	33	34	32	30	30	31
2	31	31	33	31	30	32	29	24	33	33	31	33	31
3	18	21	20	17	19	16	17	21	23	20	17	18	18
4	19	19	21	19	18	19	19	22	21	21	19	20	21
5	25	27	27	24	26	25	25	27	29	27	24	27	26
6	26	26	28	26	25	25	24	28	28	28	26	26	26
7	23	27	23	24	23	21	24	25	29	23	24	23	25
8	24	24	26	24	23	23	22	26	26	26	24	24	24

表 5.14　ジャーナル部の分散分析表（プーリング前）

要因	S	ϕ	V	F	p
A	0.07	1	0.071	0.037	0.848
B	686.00	1	686.000	356.805	< 0.001
C	2.57	1	2.571	1.337	0.253
D	0.07	1	0.071	0.037	0.848
$A \times B$	350.00	1	350.000	182.043	< 0.001
誤差 [5][6]	1.21	2	0.607	0.316	0.731
誤差	92.28	48	1.923		
合計	1132.21	55			

表 5.15　ジャーナル部の分散分析表（プーリング後）

要因	S	ϕ	V	F	p
A	0.07	1	0.071	0.039	0.845
B	686.00	1	686.000	371.031	< 0.001
$A \times B$	350.00	1	350.000	189.302	< 0.001
誤差	96.14	52	1.849		
合計	1132.21	55			

表 5.16 ピン部の分散分析表（プーリング前）

要因	S	ϕ	V	F	p
A	0.52	1	0.521	0.410	0.588
B	513.52	1	513.521	404.082	0.002
C	0.52	1	0.521	0.410	0.588
D	3.52	1	3.521	2.770	0.238
$A \times B$	256.69	1	256.688	201.984	0.005
誤差 [5][6]	2.54	2	1.271	0.328	0.723
誤差	155.16	40	3.879		
合計	932.47	47			

表 5.17 ピン部の分散分析表（プーリング後）

要因	S	ϕ	V	F	p
A	0.52	1	0.521	0.142	0.708
B	513.52	1	513.521	139.690	< 0.001
$A \times B$	256.68	1	256.688	69.825	< 0.001
誤差	161.75	44	3.676		
合計	932.47	47			

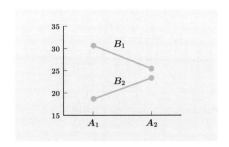

図 5.12 ジャーナル部の追加実験の　　　図 5.13 ピン部の追加実験の要因効果図
要因効果図

　これらの結果において，ジャーナル部，ピン部ともに有意となった因子は，B と
$A \times B$ である．最適条件の選定は，因子 A（回転数）と B（ペーパー押付け圧）の交
互作用が分散分析の結果，有意となっているので，交互作用を含めた点推定を行う
必要がある．いずれの要因効果図も A_1，B_2 が好ましい水準であることを示してい
る．なお，因子 C（加工時間）と D（オシレート数）は，分散分析の結果，有意で

はない．これらについては，操業のしやすさなど，他の理由で水準を設定する．以下，因子 A_1，B_2 での母平均の推定を行う．

ジャーナル部について，母平均 $\mu(A_1 B_2)$ の点推定を行うと，

$$\widehat{\mu}(A_1 B_2) = \overline{y}_{A_1 B_2} = 18.7$$

となる．また 95％信頼区間は，

$$\widehat{\mu}(A_1 B_2) = \overline{y}_{A_1 B_2} \pm t(\phi_E, 0.05)\sqrt{\frac{V_E}{n_e}} = 18.7 \pm 0.73$$

となる．同様にピン部について推定を行うと，**点推定値は 20.1，95％信頼区間は** 20.1 ± 1.12 となる．

上記の結果を確認するため，改めて実験を行う．この実験は，5 本のクランクシャフトを加工し，真円度，真直度，表面あらさを測定する．図 5.14 では，得られたデータの平均値と範囲を示してある．この結果，得られた 5 個のデータの平均値は 16.0 であったので，先の推定結果と整合していて実験の妥当性はあると考えられる．また確認実験の結果の 5 個のデータから得られる範囲は 4 であり，ばらつきが大きくなったことを示していない．量産に移行しても，管理をしっかり行えば工程能力を十分確保できると考えられる．

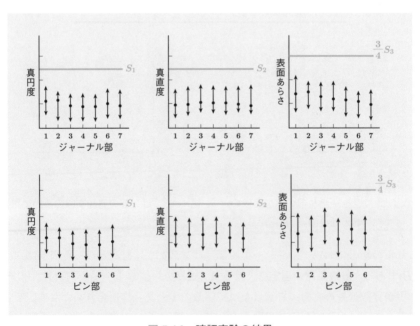

図 5.14　確認実験の結果

その他の特性（真円度，真直度）やピン部についても同様の検討を行った結果，量産に移行しても管理をしっかり行えば工程能力を十分確保できると考えられるので，良好な結果が得られたと判断される．

今回の進め方は，直交表を用いた実験と分散分析を用い，要因の影響度を十分に把握しながら目標達成を目指し，さらに特性に優先順位づけをした．もし優先順位をつけずにこのプロジェクトを進めていたならば，特性と要因の関係がうまく整理できず，前回のプロジェクトと同様に苦しむことになったと思われる．今までの経験を優先順位をつける判断材料にすることは，効率的に解決をはかるために有効であると考えられる．

5.4.4　設備への織り込みとまとめ

以上の結果から，クランクシャフトの設備仕様に表 5.18 の仕様を織り込むこととする．また，以下の項目についての技術的な新知見を得ることができ，これらを標準化する．

(1) フィルムペーパーに対し，やや弾性のある UB シューの方が相性がよいとわかった．これは，刃具配置図に織り込む．

(2) 従来では使われていない粒度のあらいペーパーで精度を確保できる条件が見出せたので，工程表に織り込む．

(3) ペーパーラップ後の精度は，前工程の精度に大きく影響を受けるため，今後は真円度と表面あらさを同時に確保するためには，前工程の精度を上げていく必要がある．これは，生産準備マニュアルに織り込む．

表 5.18　設備仕様への織り込み

1. シューの種類	やや弾力のある UB を使用．ただし，WA，UR の使用可．
2. ペーパー押付け圧	従来と同様
3. オシレート数	200 回/min まで対応できる仕様に変更（以前は 100 回/min）
4. 回転数	従来と同様
5. 加工時間	アームを 1 セット追加し，12 sec まで対応できる仕様に変更
6. 粒度	ハードシュー対応のためフィルムペーパーを採用

今回のクランクシャフトの要求精度に対し，前回の反省をもとに設備仕様の段階よりピン部，ジャーナル部の精度確保に取り組み，確実に設備仕様に織り込むことができ，新製品の生産開始時の品質を確保することができた．今後も，設備仕様の

段階より問題点を事前に洗い出し，確実に設備仕様に織り込むことにより，立ち上がり時からスムーズな生産ができる生産準備を進めていくことが課題となる．

5.5　本事例のポイント

(1)　本事例では，過去の知識を利用した因子の設定，水準設定を行っている．例えば，今までの知見を整理した図 5.6 では，ピン部，ジャーナル部の表面あらさについて，その要因をワーク，工程に展開し，その後それぞれを詳細に展開することで構造的に整理している．このように過去の経験を整理することで，適切な実験を計画している．

(2)　本実験では，2 水準直交表を効果的に活用し，少ない実験回数の中で重要な因子を見出している．その中で 4 水準の質的因子を多水準法により効果的に割り付けている．この多水準法の場合には，他の 2 水準因子の列との直交性が保たれる．したがって，他の列に割り付けられた因子の効果の推定値と，4 水準因子の推定値の関係は，通常の 2 水準直交表での割付けの場合と同様になる．この例のように 4 水準因子を組み入れる際，多水準法は有効となる．

(3)　本事例では，補助変量を積極的に活用し，問題解決に取り組んでいる．この補助変量の着眼点は，上記に述べた過去の技術情報の蓄積で，前工程の重要性が判明していたからである．実験を行う際，因子としては取り上げないが，応答に影響を与えていそうな補助変量について測定し，その後の解析に役立てている．このように応答に影響を与えていそうな変量を測定し，解析結果と比較することで，実験面でのコストが押さえられ，結果の解釈に役立つ場合があることを本事例は示している．

(4)　本事例での初期において，2 水準の計画を構成する際，現状の設備で用いられている水準と，結果が改善すると思われる水準を取り上げている．本事例のように，一方の水準に現状の水準を用いることで，改善効果を正確に求めることができる．

(5)　本事例では実験を行った際，あるいは，確認実験を行った際，その結果と従来の測定値に食い違いがないかを調べ，実験の妥当性を検証している．例えば，追加実験の測定値の範囲を求め，過去の経験と照らし合わせたりしている．これらについて，仮説検定のように精密な理論を用いずとも，大きく外れていないかをチェックすることは，実験の場が適切であったかを考えるために大変重要である．また，実験が適切に行われたかどうかについて，担当者への問合せ

なども行っている．ともすると，あまり重要視されないことであるが，解析結果はすべて実験結果に基づくのであるから，本事例のように常に実験結果の妥当性を考えることは必須の活動となる．

Q & A

> **Q10.** 最適水準を推定した後などで，確認実験が必要なのはなぜですか？

A10. 確認実験は，実験結果が再現すること，すなわち結果が正しいことや，技術開発に活用して問題がないことを確認するために実施します．実験結果が再現して，はじめて技術的な知見が得られたことになります．実験では，応答に影響するすべての要因を取り上げることはできません．そのため，応答に対する影響が大きいと思われる要因を因子として取り上げて実験をします．その結果，最適条件を決定し，その水準で推定を行うのですが，この値は最適条件でいくつかのデータを取得した場合の平均値です．応答に対する影響が大きい要因に漏れがない，すなわち技術開発のために立てた仮説の中に影響の大きい因子がすべて含まれていた場合は，確認実験で得られた応答の平均値は，最適条件で区間推定した信頼区間の中に入るはずです．もし，応答に対する影響が大きい要因に漏れがあった場合，漏れた要因の影響により区間推定した値から外れてしまうことが起こります．実験から得られた結果を技術開発に適用する場合，結果が再現しなければ制御できないことになりますので，安定した結果を保証できないことになります．実験結果は，再現することが重要です．

（久保田 享）

> **Q11.** 推定値のバイアス，特に推定した最適条件のバイアスについて説明してください．

A11. 推定値のバイアスとは，真の値（母数）と推定値の差をいいます．実務的には，最適条件での推定値と確認実験結果の平均値との差と考えてください．この差は，推定値の方がよい値になる上方バイアスと，推定値の方が悪い値になる下方バイアスがあります．2因子完全無作為化要因計画など因子数が少ない実験の結果から最適条件を推定する場合は，バイアスを気にする必要はありませんが，直交表を用いた実験のように多くの因子を取り上げた実験の結果から最適条件を推定する場合は，バイアスに注意する必要があります．バイアスの原因は，少ないデータ数で正規分

布を仮定した推定を行っているためです．一般的に，実験に取り上げた因子のうち，推定に用いる（有意になった）因子が少ない場合は，下方バイアスが，推定に用いる（有意になった）因子が多い場合は，上方バイアスがかかります．推定した最適条件のバイアスは，実験結果に基づく意思決定に影響を与えますので，バイアスがあることを理解するとともに，確認実験を実施することも重要になります． (久保田 享)

Q12. 仮説検定は，いろいろな言葉がたくさん出てきてよくわかりません．考え方，p 値などを説明してください．

A12. 検定という言葉は，英語検定などを除けは日常会話でめったに使われることがなく，仮説検定からは堅苦しい印象を受けます．検定は test であり，英語での日常会話ではよく使われます．堅苦しく聞こえる検定でも，背後にある考え方は test の英語での用法のように日常的です．

例えば，コイン投げで表が出たらディーラーの勝ち，裏が出たら参加者の勝ちとします．参加者の立場だとすると，

- 1，2回程度，表が立て続けに出ても運が悪いとしてあきらめる
- ある程度（例えば5回）負け続けるとイカサマコインかと疑う

このような判断の根拠はつぎのとおりに説明できます．コイン投げが正当（勝ち/負けの確率はともに $\frac{1}{2}$）だとして，2回続けて負ける確率は $\frac{1}{4}$ なので，まあ起こりうることとあきらめる．一方，5回続けて負ける確率は $\frac{1}{32} = 0.03125$ であり，めったに起きないことが起きたと考えるよりも，この確率がコイン投げが正当という仮説の下で計算されものであるので，この仮説自体を疑い上記のように判断します．

先のコイン投げが正当が仮説検定での帰無仮説であり，続け負ける確率が p 値です．このコイン投げでは p 値の計算は簡単ですが，実験計画法でのデータ解析では，分散分析表を作成し F 値を求め，p 値を求めます．このように，通常の思考過程を数理的に整備したものが仮説検定です．

ちなみに，上記のコイン投げについて，直感的に何回目でイカサマと疑うかを仮説検定の講義の前にたずねると，4，5回目という回答が多いです．これらの確率は，それぞれ，0.0625，0.03125 であり，仮説検定でよく用いられる0.05 に近くなっています．このことは，20回に1回程度の間違いを犯してでも意思決定をしないと結論が出せないと考える人が多く，有意水準5%が経験的によく用いられる1つの説明になります． (山田 秀)

6 コイル溶接工程の L_{27} 直交表実験による 工程能力確保

要旨 本事例では，自動車用電装品の部品であるソレノイドコイル材の新コイル材採用にあたり，量産機での工程能力確保のための評価活動を取り上げている．その際，量産機の試験流動において溶接電流など種々の要因を取り上げ，実験を計画的に実施し，これらの要因の最適条件を求めるとともに，工程能力を評価している．工程能力調査の主要項目は破壊を伴うため，3水準の直交表を用いた一部実施実験を計画することで実験回数を低減し，評価を効率的に実施している．また，生産能力を考慮したうえで積極的に加工条件を変えた少数試料にて，条件の設定と工程能力を評価している．これらの評価により明確になった重点的な活動をもとに，工程能力確保とともに初期流動管理を実施している．

読みどころ 応答が2変数ある本事例では，2応答変数の取扱いに関していくつかのアプローチがある中で，実質的に問題になる応答変数を主に取り上げて解析を進めている．また，生産時にどの程度ばらつくのかを実験時の水準として取り上げ，工程能力を生産開始前に推定している．測定のばらつき，試料作成のばらつき，操業条件のばらつきなど，生じるばらつきの理由に応じて対策を導入している点は他への展開ができる．

6.1 工程の概要と工程能力調査方法

6.1.1 製品および工程能力調査方法

　自動車用電装品の部品であるソレノイドコイルにおいて，溶接部の信頼性向上とコストダウンをねらって，コイル材の絶縁皮膜を開発している．その際，コイル材を溶接する工法も併せて開発しており，溶接の量産機が製作されたことと併せ工程能力を評価し，量産流動の可否を判定するとともに今後の活動の方向を見出す．

　溶接後の製品の概要を図 **6.1** に示す．この溶接工法において，部品として流通する際の品質を保証するために重要になるのが，y_1：溶接強度と y_2：溶接厚さである．これらにおいては，

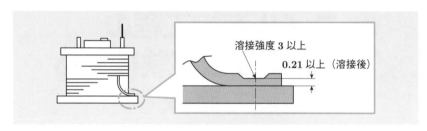

図 6.1　製品の略図と調査項目

- y_1：溶接強度　3 以上（指数）
- y_2：溶接厚さ　0.21 以上（指数）

についての要求がある.

　なお，この溶接工程は，JIS Q 9001:2015 にて規定されている "製造及びサービス提供のプロセスで結果として生じるアウトプットを，それ以降の監視又は測定で検証することが不可能な場合" に該当する. すなわち，製品が使用された後，またはサービスが提供された後でしか不具合が顕在化しない場合となる. この工程では，アウトプットの直接評価が実際的に不可能なので，確実にプロセスで品質を作り込む必要があり，この工程能力確保が重要な課題であることがわかる.

6.1.2　実験の計画

溶接工程の特性を考慮した因子設定

　一般に，電極を用いた溶接においては，溶接電極の摩耗とともに溶接強度などの結果が不安定になる. この点を考慮し，溶接電極の寿命も考慮して工程能力の把握を試みるべく，実験時までに何回溶接加工に用いたかという因子として A：電極加工数を取り上げる.

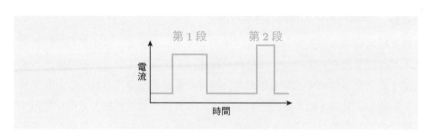

図 6.2　溶接における電流値の変化

また，今回の量産機械において考慮すべき加工条件は，溶接時の電流とその通電時間である．電流は加工中一定にするのではなく，図 6.2 に示すとおり，全体の通電時間の中で2度，電流値を高くする．これらをもとに，電流を高くする1段目の B：溶接電流 I とその通電時間である D：通電時間 I を，2段目の C：溶接電流 II とその F：通電時間 II を取り上げる．これらの因子，水準をまとめたものを表 6.1 に示す．

表 6.1　実験に取り上げる因子と水準

因子	水準 1	水準 2	水準 3
A：電極加工数	0〜30	250〜280	500〜530
B：溶接電流 I	2.9	3.1	3.3
C：溶接電流 II	3.3	3.5	3.7
D：通電時間 I	27	30	33
F：通電時間 II	13	15	17

量産時のばらつきを考慮した水準設定

実験で取り上げる水準について，A：電極加工数は，初期状態，中間的な状態，電極の寿命の残りが少ない状態を取り上げる．また，溶接電流，通電時間に関連する4因子は，溶接強度，溶接厚さが好ましい値になると思われる水準を中心とする．これらの水準は，設備製作，調整時の条件出しにて求めている．そして，工程でばらつくと思われる範囲を考慮し，中心値のまわりに幅を付け3水準に設定する．これらをまとめたものを，表 6.1 に併せて示す．

試料の加工と因子の割付け

表 6.1 のすべての水準組合せは $3^5 = 243$ となり，すべての水準組合せで実験をする要因計画の実施は実際的に困難である．また，破壊を伴う調査項目のために，測定精度についても確認する必要がある．さらに，ひとたび加工条件を決めた下では，複数の試料の作成は比較的容易である．これらを考慮して，表 6.1 の加工条件を $L_{27}(3^{13})$ 直交表に割り付け，それぞれの条件で試料を2つ作成し試験をするという 27×2 回の実験とする．

$L_{27}(3^{13})$ 直交表に割り付けの際，つぎの2点をもとに交互作用を決定する．

(1) **電極寿命の影響を溶接電流にて適応制御すべきか検討**

電極の加工数により溶接電流の効果が変わる場合は，電極の加工数に適応して電流，通電時間を制御し，溶接強度，溶接厚さを確保する．

(2)　溶接電流 I / II のバランス

　　図 6.2 に示すとおり，溶接の通電は第 1 段を経て第 2 段となり，第 1 段での溶接の結果が第 2 段の結果に影響すると考えられる．例えば第 1 段で，多めの通電時間，電流で溶接をした場合と，少なめの場合では，第 2 段での溶接の効果に違いが出ると思われる．

　溶接回数に基づく適応制御の必要性，可能性を検討するために，因子 A：電極加工数と B：溶接電流 I の交互作用 $A \times B$，因子 A：電極加工数と C：溶接電流 II の交互作用 $A \times C$ があるかどうかがわかる実験計画を用いる．加えて，溶接電流 I と II のバランスという意味で，交互作用 $B \times C$ があるかどうかわかる実験計画を用いる．これらに基づく実験に要求される線点図と，それを用意されている線点図に組み込んだ結果を，図 6.3 に示す．因子 A，B，C を，それぞれ [1]，[2]，[5] 列に割り付けている．また交互作用 $A \times B$ が [3]，[4] 列に，$A \times C$ が [6]，[7] 列に，$B \times C$ が [8]，[11] 列に現れている．

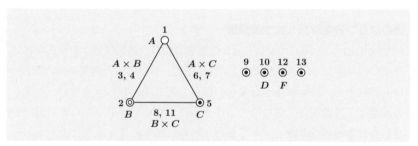

図 6.3　要求される線点図の用意されている $L_{27}(3^{13})$ 線点図への組込み

6.2　工程能力の調査結果

6.2.1　収集したデータ

　実験で得たデータを表 6.2 に示す．この実験においては，図 6.3 の割付けを用いており，それぞれの水準組合せの下で 2 個の試料を作成し，y_1：溶接強度と y_2：溶接厚さを測定している．

　このデータをもとに，それぞれの水準における平均値，最大値，最小値をまとめて図 6.4 に示す．この図から，y_2：溶接厚さはすべてのデータで規格 $y_2 \geq S_L = 0.21$ を満足しているものの，y_1：溶接強度はいくつかの実験において規格 $y_1 \geq S_L = 3$

を満足していない．因子の効果を推察すると，y_1：溶接強度，y_2 溶接厚さともに C：溶接電流 II と F：通電時間 II の効果が大きい．また，強度と厚さの関係はトレードオフであり，これは技術的にも納得できる．さらに，異常なデータも見られない．そこでこのデータを解析し，y_1：溶接強度，y_2：溶接厚さともに規格を満たす水準を探索する．

表 6.2　収縮データ

No.	[1] A	[2] B	[3] A×B	[4] A×B	[5] C	[6] A×C	[7] A×C	[8] B×C	[9] 誤差	[10] D	[11] B×C	[12] F	[13] 誤差	溶接強度 r_1	溶接強度 r_2	溶接厚さ r_1	溶接厚さ r_2
1	1	1	1	1	1	1	1	1	1	1	1	1	1	2.8	2.8	0.56	0.54
2	1	1	1	1	2	2	2	2	2	2	2	2	2	4.7	7.6	0.52	0.46
3	1	1	1	1	3	3	3	3	3	3	3	3	3	6.5	6.0	0.34	0.36
4	1	2	2	2	1	1	1	2	2	2	3	3	3	3.5	4.7	0.52	0.47
5	1	2	2	2	2	2	2	3	3	3	1	1	1	3.0	3.8	0.54	0.51
6	1	2	2	2	3	3	3	1	1	1	2	2	2	7.7	6.4	0.45	0.51
7	1	3	3	3	1	1	1	3	3	3	2	2	2	2.8	3.2	0.61	0.51
8	1	3	3	3	2	2	2	1	1	1	3	3	3	6.3	7.3	0.47	0.41
9	1	3	3	3	3	3	3	2	2	2	1	1	1	5.8	7.7	0.46	0.37
10	2	1	2	3	1	2	3	1	2	3	1	2	3	2.1	3.3	0.61	0.51
11	2	1	2	3	2	3	1	2	3	1	2	3	1	4.5	5.1	0.49	0.48
12	2	1	2	3	3	1	2	3	1	2	3	1	2	4.8	7.9	0.48	0.43
13	2	2	3	1	1	2	3	2	3	1	3	1	2	2.0	1.7	0.59	0.58
14	2	2	3	1	2	3	1	3	1	2	1	2	3	3.5	5.6	0.43	0.53
15	2	2	3	1	3	1	2	1	2	3	2	3	1	7.8	6.9	0.41	0.34
16	2	3	1	2	1	2	3	3	1	2	2	3	1	3.0	2.9	0.54	0.54
17	2	3	1	2	2	3	1	1	2	3	3	1	2	2.7	3.6	0.57	0.52
18	2	3	1	2	3	1	2	2	3	1	1	2	3	7.8	7.1	0.43	0.41
19	3	1	3	2	1	3	2	1	3	2	1	3	2	4.5	4.8	0.48	0.49
20	3	1	3	2	2	1	3	2	1	3	2	1	3	3.3	3.7	0.52	0.55
21	3	1	3	2	3	2	1	3	2	1	3	2	1	6.8	7.1	0.42	0.33
22	3	2	1	3	1	3	2	2	1	3	3	2	1	2.7	3.7	0.52	0.53
23	3	2	1	3	2	1	3	3	2	1	1	3	2	4.8	7.4	0.49	0.38
24	3	2	1	3	3	2	1	1	3	2	2	1	3	6.3	7.9	0.48	0.43
25	3	3	2	1	1	3	2	3	2	1	2	1	3	2.7	2.5	0.56	0.54
26	3	3	2	1	2	1	3	1	3	2	3	2	1	2.7	4.9	0.49	0.49
27	3	3	2	1	3	2	1	2	1	3	1	3	2	6.6	7.4	0.37	0.37
成分	a	b	a b	a b²	c	a c	a c²	b c	a b c	a b² c²	b c²	a b² c	a b c²				

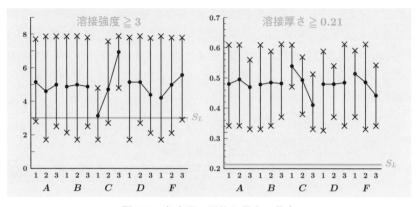

図 6.4　各水準の平均と最大，最小

6.2.2　分散分析による効果の定量化

y_1：溶接強度の解析

効果の大きさをより詳細に把握するために，表 6.2 のデータをもとに，y_1：溶接強度について分散分析を行う．この表の y_1：溶接強度について，第 i 番目の水準組合せ（$i = 1, \dots, 27$）における第 j 繰返し（$j = 1, 2$）のデータを y_{1ij} とするとき，総平方和 S_{T_1} を

$$S_{T_1} = \sum_{i=1}^{27} \sum_{j=1}^{2} (y_{1ij} - \overline{y}_1)^2$$

で求める．ただし $\overline{y}_1 = \sum_{i,j} \dfrac{y_{1ij}}{54}$ である．この実験を，27 の水準からなる 1 つの因子で繰返しが 2 回なされたと見なし，水準ごとの平均値を $\overline{y}_{1i} = \sum_{j=1}^{2} y_{1ij}$ とし，総平方和を

$$\begin{aligned}
S_{T_1} &= \sum_{i=1}^{27} \sum_{j=1}^{2} (\overline{y}_{1i} - \overline{y}_1)^2 + \sum_{i=1}^{27} \sum_{j=1}^{2} (y_{1ij} - \overline{y}_{1i})^2 \\
&= 2 \sum_{i=1}^{27} (\overline{y}_{1i} - \overline{y}_1)^2 + \sum_{i=1}^{27} \sum_{j=1}^{2} (y_{1ij} - \overline{y}_{1i})^2 \qquad (6.1)
\end{aligned}$$

に分解する．この式において，右辺第 2 項の $\sum_{i=1}^{27} \sum_{j=1}^{2} (y_{1ij} - \overline{y}_{1i})^2$ は，水準組合せを固定し，2 つの作成した試料について測定したデータのばらつきをあらわす．これには試料作成，測定のばらつきなどが含まれる．

一方，右辺第 1 項に含まれる $\sum_{i=1}^{27} (\overline{y}_{1i} - \overline{y}_1)^2$ は，27 の水準間での変動をあらわす．この変動は，第 i 水準での平均値 $\overline{y}_{1i}$ を解析用の応答変数として，$L_{27}(3^{13})$

直交表に基づく解析を行うと，溶接にかかわる因子 A から F の効果，交互作用と，取り上げた因子では説明できない水準間の変動に分解できる．具体的には $\overline{y}_{1i}$ を用いて，因子 A，B，C，D，F の**主効果**，**交互作用** $A \times B$，$A \times C$，$B \times C$ の平方和を求め，$\sum_{i=1}^{27}(\overline{y}_{1i} - \overline{y}_1)^2$ のうちこれらの主効果，交互作用からの残りの平方和を求める．このようにして求めた平方和を，式 (6.1) に基づき 2 倍して，分散分析表にまとめる．その結果を，表 6.3 に示す．

表 6.3　y_1：溶接強度の分散分析表（プーリング前）

要因	S	ϕ	V	F	p 値
A：電極加工数	3.151	2	1.576	2.171	0.134
B：溶接電流 I	0.160	2	0.080	0.110	0.896
C：溶接電流 II	132.646	2	66.323	91.354	< 0.001
D：通電時間 I	6.951	2	3.476	4.788	0.017
F：通電時間 II	17.540	2	8.770	12.080	< 0.001
$A \times B$	4.276	4	1.069	1.472	0.238
$A \times C$	6.031	4	1.508	2.077	0.112
$B \times C$	2.345	4	0.586	0.807	0.531
1 次誤差 $E_{(1)}$	2.903	4	0.726	0.763	0.559
2 次誤差 $E_{(2)}$	25.705	27	0.952		
合計	201.708	53			

この分散分析表にまとめてあるように，27 回の実験のそれぞれにおける試料の作成のばらつき，測定のばらつきが 2 次誤差 $E_{(2)}$ に含まれ，水準間の変動のうち主効果，交互作用で説明できない変動が 1 次誤差 $E_{(1)}$ に含まれている．これは，1 次単位には A から F を，2 次単位には因子を割り付けない**分割実験**と見なすことができる．1 次誤差 $E_{(1)}$ の F 値が 0.763 なので，この変動は無視し得るので 2 次誤差 $E_{(2)}$ と合わせ新たに誤差 E' とする．また，交互作用 $A \times B$，$B \times C$，主効果 B の F 値は 2 を下回っていて，さらに，$A \times C$ も 2 をわずかに超えた程度であり，他に F 値で見ると桁が違う大きな効果の要因があるので，これの交互作用を誤差 E' にプールする．このように，効果を詳細に把握するために，F 値について 2 を目安に要因効果の有無を考え，誤差へのプーリングをした分散分析表を表 6.4 に示す．

この表から，y_1：溶接強度に対する効果が特に大きい要因は C：溶接電流 II，ついで大きなものは F：通電時間 II という 2 段階目の電流値に関連する要因である．さらに，A：電極加工数の効果は F が 2 を若干超えた程度であり，効果はゼロではな

表 6.4　y_1：溶接強度の分散分析表（プーリング後）

要因	S	ϕ	V	F	p 値
A：電極加工数	3.151	2	1.576	2.171	0.126
C：溶接電流 II	132.646	2	66.323	91.354	< 0.001
D：通電時間 I	6.951	2	3.476	4.788	0.013
F：通電時間 II	17.540	2	8.770	12.080	< 0.001
誤差 E'	41.42	45	0.920		
合計	201.708	53			

い可能性があるが，その大きさは C：溶接電流 II，F：通電時間 II に比べると小さい．これは，電極の摩耗がどのような範囲でも溶接強度に与える影響が小さいのではなく，実験で取り上げた水準の範囲であればその影響が小さいと解釈できる．すなわち，電極摩耗をこの程度に管理しておけば，その変動による溶接強度の影響を小さく管理できることを示している．これらから，溶接強度の向上には第 2 段階の電流値である C：溶接電流 II と F：通電時間 II を適切に設定するのがよい．

y_2：溶接厚さの解析

先に示した y_1：溶接強度の解析と同様に，y_2：溶接厚さについて分散分析をした結果を表 6.5 に示す．この分散分析表から，$E_{(1)}$：1 次誤差を無視できるものとして $E_{(2)}$：2 次誤差と合わせ，新たに誤差 E' としてまとめる．また，交互作用の影響はないものとして，これらの変動も誤差 E' にまとめる．

表 6.6 は，表 6.5 の要因について $F = 2$ を目安に要因を誤差にプールした分散分析表である．この分散分析表は，第 2 段階目の溶接に関連する因子である C：溶接電流 II と F：通電時間の主効果が大きい．また，A：電極加工数も若干 F 値が 2 を上回っていて，y_2：溶接厚さに影響を及ぼしているものの，その大きさは C，F より小さい．この解析から，y_2：溶接厚さについても y_1：溶接強度と同様に，C：溶接電流 II と F：通電時間が大きな影響を与えている．

2 つの応答を考慮した条件設定

以上の分散分析において，y_1，y_2 の両方に，C：溶接電流 II と F：通電時間が大きな影響を与えている．これらの C：溶接電流 II と F：通電時間について適切に水準を設定し，y_1，y_2 の双方が要求を満たすようにする．これらの因子について，要因効果図を図 6.5 に示す．分散分析表，要因効果図について溶接技術の立場から考察する．

表 6.5 y_2：溶接厚さの分散分析表（プーリング前）

要因	S	ϕ	V	F	p 値
A：電極加工数	0.00574	2	0.00287	2.501	0.101
B：溶接電流 I	0.00056	2	0.00028	0.244	0.785
C：溶接電流 II	0.15167	2	0.07584	66.087	< 0.001
D：通電時間 I	0.00018	2	0.00009	0.078	0.925
F：通電時間 II	0.04658	2	0.02329	20.296	< 0.001
$A \times B$	0.00576	4	0.00144	1.255	0.312
$A \times C$	0.00185	4	0.00046	0.403	0.805
$B \times C$	0.00856	4	0.00214	1.865	0.146
1 次誤差 $E_{(1)}$	0.00459	4	0.00115	0.706	0.595
2 次誤差 $E_{(2)}$	0.04390	27	0.00163		
合計		53			

表 6.6 y_2：溶接厚さの分散分析表（プーリング後）

要因	S	ϕ	V	F	p 値
A：電極加工数	0.00574	2	0.00287	2.063	0.138
C：溶接電流 II	0.15167	2	0.07584	54.499	< 0.001
F：通電時間 II	0.04658	2	0.02329	16.737	< 0.001
誤差 E'	0.06540	47	0.00139		
合計		53			

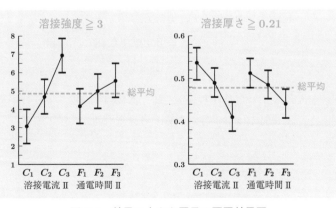

図 6.5 効果の大きな因子の要因効果図

(1)　**溶接 I / II のバランス**

　　溶接 I は溶接の前処理の役割で，電流，時間ともに設備製作，調整時の条件出しは適切であり，適切な前処理がされているので，溶接本来の溶接 II への影響が見られず I と II の交互作用が見出せない.

(2)　**溶接 II**

　　溶接 II は，前処理の溶接 I に引き続く主要な溶接で，溶接強度測定時の破壊は接合面であり，強度，厚さともにほぼ直線的な効果が見られる．つまり，溶接のエネルギーとその出力の関係は直線的であり，安定領域の溶接と判断される．したがって，実験の範囲内の水準から最適な水準を設定する.

(3)　**電極加工数**

　　電極の加工数が溶接強度，溶接厚さに与える影響は微細なものである．電極寿命は 500 個を十分上回ると考えられるので，当初の工程管理は電極寿命を 500 個とし，量産流動の初期段階に電極寿命伸長を検討し確定する.

　　要因効果図において，C：溶接電流 II，F：通電時間 II ともに大きくすると，y_1：溶接強度が向上する．一方，y_2：溶接厚さは y_1：溶接強度と逆に，C, F を小さくした方がよい．ところで図 **6.4** に示すように，y_2：溶接厚さのすべてのデータは，規格値よりも大幅に大きく，余裕がある．そこで，y_1：溶接強度と y_2：溶接厚さ双方の要求を満足する最適条件は C_3F_3 と考え，工程平均をつぎに推定する.

$$溶接強度：\quad \widehat{\mu}(C_3F_3) = \overline{y}(C_3) + \overline{y}(F_3) - \overline{y}$$
$$= 4.69 + 4.98 - 4.90$$
$$= 4.78$$
$$溶接厚さ：\quad \widehat{\mu}(C_3F_3) = \overline{y}(C_3) + \overline{y}(F_3) - \overline{y}$$
$$= 0.492 + 0.487 - 0.480$$
$$= 0.498$$

設備製作，調整時に設定した条件 C_2F_2 では，溶接強度が低く，工程平均は下限規格値を上回るが，工程能力は不十分になると考えられる.

6.3　工程能力の推定

　従来，溶接条件の工程管理の幅は，電流は ±0.05，時間は ±0.5 である．今回の機器においても同等性能の溶接電源を採用しているので，工程管理の幅は従来どおりと設定し，実験データの分布と分散分析結果から**工程能力**を推定する．

6.3.1　実験データの分布

　表 6.2 のデータについて，y_1：溶接強度，y_2：溶接厚さのヒストグラムを図 6.6 に示す．この図から，y_1：溶接強度はばらつきが大きく規格外が現れているのに対し，y_2：溶接厚さは規格幅からの余裕があることがわかる．

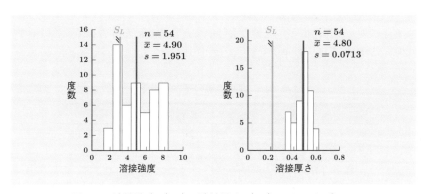

図 6.6　溶接強度（y_1），溶接厚さ（y_2）のヒストグラム

　この実験データをもとに標準偏差 s を計算すると，y_1：溶接強度 1.951，y_2：溶接厚さは 0.0713 となる．これらの標準偏差は，実験水準の変動による影響を含む．一方，因子の変動の影響を取り除いた場合の変動は，分散分析表における誤差分散の平方根に対応する．したがって，表 6.4，表 6.6 より，y_1：溶接強度は $\sqrt{0.920}=0.959$，y_2：溶接厚さは $\sqrt{0.00139}=0.0373$ となる．この工程では，溶接電流，溶接時間の変動をなくすことができず，電流は ±0.05，時間は ±0.5 という幅で管理するので，この範囲内での変動の影響が y_1：溶接強度，y_2：溶接厚さに現れる．したがって，変動の大きさはヒストグラムの標準偏差と分散分析表の誤差分散の平方根の中間になる．**管理幅内のばらつきを考慮し**，**工程能力指数を求める**．

6.3.2　工程能力の推定

　これまでの実験結果，従来品における工程の管理能力などを整理しまとめ，それ

をもとに量産時の工程能力を推定する．実験で大きな効果が認められた C：溶接電流 II，F：溶接時間 II について，量産流動時の工程の管理幅を，既存の溶接工程を参考に，表 6.7 のとおりに設定する．この表のとおり，C：溶接電流 II，F：溶接時間 II ともに，量産時の幅は実験水準の幅の 25％程度になると想定される．

表 6.7　加工条件の変動範囲

	C：溶接電流 II	F：溶接時間 II
実験の水準幅	$\Delta_C = 0.4$	$\Delta_F = 4$
工程の管理幅	$\Delta'_C = 0.1$	$\Delta'_F = 1$

つぎに，最適条件 (C_3, F_3)，調整時の条件 (C_2, F_2) の下での工程平均 $\widehat{\mu}(C_3, F_3)$，$\widehat{\mu}(C_2, F_2)$ に加え，標準偏差，変動の寄与率などをまとめたものを表 6.8 に示す．この表において寄与率は，総平方和に占める要因の平方和の割合で求めている．

表 6.8　実験結果の基本統計量

項目	溶接強度	溶接厚さ
規格	$S_L \geq 3$	$S_L \geq 0/21$
工程平均 $\widehat{\mu}(C_3 F_3)$：最適条件	7.57	0.372
工程平均 $\widehat{\mu}(C_2 F_2)$：調整時	4.78	0.498
全データの分散	$V_1 = 1.951^2$	$V_2 = 0.0713^2$
分散分析の誤差標準偏差	0.959	0.0373
C：溶接電流 II の寄与率	$R_C^2 = 0.647$	$R_C^2 = 0.552$
F：通電時間 II の寄与率	$R_F^2 = 0.077$	$R_F^2 = 0.162$

これらをもとに，量産時の標準偏差をつぎのように求める．

$$\widehat{\sigma} = \sqrt{V\left(1 - R_C^2\left(1 - \left(\frac{\Delta_C^*}{\Delta_C}\right)^2\right) - R_F^2\left(1 - \left(\frac{\Delta_F^*}{\Delta_F}\right)^2\right)\right)} \tag{6.2}$$

なお，この式の考え方は章末の Q&A を参照されたい．この式を用いると，y_1：溶接強度の場合には

$$\widehat{\sigma}_1 = \sqrt{1.951^2\left(1 - 0.647\left(1 - \left(\frac{0.1}{0.4}\right)^2\right) - 0.077\left(1 - \left(\frac{1}{4}\right)^2\right)\right)} = 1.098$$

となり，また y_2：溶接厚さの場合には

$$\widehat{\sigma}_2 = \sqrt{0.0713^2 \left(1 - 0.552 \left(1 - \left(\frac{0.1}{0.4} \right)^2 \right) - 0.162 \left(1 - \left(\frac{1}{4} \right)^2 \right) \right)} = 0.0403$$

となる．これらをもとに，工程能力指数

$$\frac{\widehat{\mu} - S_L}{3\widehat{\sigma}}$$

を推定する．先に求めた条件 C_3，F_3 の元では，y_1：溶接強度について，

$$\frac{\widehat{\mu}_1(C_3 F_3) - S_L}{3\widehat{\sigma}_1} = \frac{7.57 - 3}{3 \times 1.098} = 1.39 \geq 1.33$$

y_2：溶接厚さについて

$$\frac{\widehat{\mu}_2(C_3 F_3) - S_L}{3\widehat{\sigma}_2} = \frac{0.372 - 0.21}{3 \times 0.00403} = 1.34 \geq 1.33$$

となり，両方とも 1.33 より大きくなり工程能力は十分と判断できる．これより，最適条件 $C_3 F_3$ では，溶接強度，溶接厚さともに，工程能力指数から規格を満足すると判定され，量産流動へ移行する．一方，製作，調整時の条件 $C_2 F_2$ の場合には，y_1：溶接強度，y_2：溶接厚さの工程能力指数がそれぞれ 0.54，2.38 となり，溶接厚さの工程能力指数は十分であるが，溶接強度の工程能力指数が不十分であると判断される．

6.4 事例のまとめ

　従来，製作した量産機の工程能力調査は，設備製作，調整時の条件出しにて設定した加工条件で試験流動を行い評価していた．特に，特殊工程などで破壊試験が伴う調査項目は，試料は少数となるため，量産流動での **4M** (Man, Machine, Material, Method) の変動はほとんど起こりえない．本来，工程能力調査は，生産工程の要素 4M の変動を考慮すべきである．また，4M の要因効果や，設備製作，調整時の条件出しにて設定した水準の妥当性を定量的に把握するなど，加工技術として獲得すべきである．

　これに対し今回，特殊工程の少数試料の工程能力調査に実験計画法を活用することにより，量産時の工程変動を考慮した最適条件の設定，要因効果の把握，量産移行可否の工程能力評価を推進した．今後，量産流動の初期段階（初期流動）で，量産に伴う新たな変動を把握して長期的な工程能力を確保する．

6.5　本事例のポイント

(1)　本事例では，コイル溶接工程の工程能力確保のために，溶接の条件である電流値，通電時間に加え，電極の摩耗が溶接の品質に影響を与えるために電極の加工数も因子として取り上げている．これにより，ただ単に好ましい電流値，通電時間の水準を導き出しているのではなく，何回まで同じ電極で加工ができるかというような現実に即した水準を導き出し，工程管理標準として設定している．

(2)　因子である電流値，通電時間，電極の加工数という水準をひとたび決めた後は，溶接のための試料の作成は比較的容易であることから，試料を 2 つ測定し，試料作成，測定のばらつきを評価している．このばらつきは，電流値，通電時間，電極の加工数のばらつきを取り除いたもので，工程における最も小さなばらつきとなり，工程設計の目安にしている．

(3)　実際の工程では，電流値，通電時間を一定の値に固定できるのではなく，一定の幅に含まれるように管理をする．これから，溶接強度，溶接厚さに対する電流値，通電時間の管理幅内での変動の影響を考慮し，工程能力指数の推定を実施している．これにより，問題がないことを確認した上で，量産流動の初期段階に移行している．

Q & A

A13. 実験時の水準の幅を変えた場合について，工程のばらつきを推定している式 (6.2) の考え方を説明してください．

A13. 応答 y の説明変数 C, F に対する線形回帰モデル

$$y = \beta_0 + \beta_C C + \beta_F F + \varepsilon, \quad E(\varepsilon) = 0, \quad V(\varepsilon) = \sigma^2$$

を考え，説明変数 C, F のばらつきを変化させたときの応答変数のばらつきを考えます．説明変数 C, F が独立な確率変数であり，それらの分散を $V(C)$, $V(F)$ とすると，応答変数 y の分散 $V(y)$ は C, F の変動によるものと，誤差 ε によるものに分けられ，

$$V(y) = \beta_C^2 V(C) + \beta_F^2 V(F) + \sigma^2 \tag{6.3}$$

となります．説明変数 C, F の分散が系への介入により，それぞれ $V^*(C)$, $V^*(F)$ になったときの y の分散も同様に，

$$V^*(y) = \beta_C^2 V^*(C) + \beta_F^2 V^*(F) + \sigma^2 \tag{6.4}$$

となります. 式 (6.3) と式 (6.4) より

$$V^*(y) = V(y) - \beta_C^2 (V(C) - V^*(C)) - \beta_F^2 (V(F) - V^*(F)) \tag{6.5}$$

となり, また, 説明変数 C, F のばらつきを変化させる前の応答への寄与率 ρ_C^2, ρ_F^2 は

$$\rho_C^2 = \frac{\beta_C^2 V(C)}{V(y)}, \quad \rho_F^2 = \frac{\beta_F^2 V(F)}{V(y)}$$

です. これを式 (6.5) に代入すると

$$V^*(y) = V(y) \left(1 - \rho_C^2 \left(1 - \frac{V^*(C)}{V(C)} \right) - \rho_F^2 \left(1 - \frac{V^*(F)}{V(F)} \right) \right) \tag{6.6}$$

となります.

　説明変数のばらつきを変化させた後の応答のばらつき $V^*(y)$ を推定する式 (6.6) において, $\frac{V^*(C)}{V(C)}$, $\frac{V^*(F)}{V(F)}$ に, 量産前後の変動の比率の 2 乗 $(\frac{\Delta_C^*}{\Delta_C})^2$, $(\frac{\Delta_F^*}{\Delta_F})^2$ をそれぞれ対応させ, また, ρ_C^2, ρ_C^2 は全データから求めたそれぞれの因子の寄与率を, $V(y)$ に全データの分散 V を対応させ, これらを代入したものの平方根をとると, 式 (6.2) の推定方法となります.

(山田 秀)

Q14. 応答変数が複数ある場合には, どのように解析をしたらよいですか?

A14. まずは, それぞれの応答変数と因子について, その関係を十分に表現しうるモデルを探索します. そして, 応答変数の合成関数である「**望ましさ関数**」を設定しこれを最適化する, あるいは「**制約付き最適化問題**」として定式化しこの問題の最適解を求めるという 2 通りがよく用いられます.

　例えば, 応答 y_1 と y_2 があり, これらに対する因子を $x_1, \ldots, x_p$ とします. その際, いずれの方法で解析をするにせよ, 応答変数と因子の関係を推定するやり方は共通です. 例えば, 量的な因子を取り上げている場合には, 2 次モデルがよく用いられます.

　モデルを $\hat{\mu}_1(x_1, \ldots, x_p)$, $\hat{\mu}_2(x_1, \ldots, x_p)$ とします. 望ましさ関数とは, $\hat{\mu}_1(x_1, \ldots, x_p)$, $\hat{\mu}_2(x_1, \ldots, x_p)$ の合成関数として望ましさ関数 $d(x_1, \ldots, x_p)$ を定義し, これを最適化します.

　一方, **制約付き最適化問題**とは, 例えば y_1 が望目特性, y_2 が望小特性である場合に $\hat{\mu}_1(x_1, \ldots, x_p)$ が目標値に等しいという制約の下, $\hat{\mu}_2(x_1, \ldots, x_p)$ を最小化する $x_1, \ldots, x_p$ を, 実験領域内部で見出すというものです.

(山田 秀)

7 鳴きにくいリアキャリパの L_{27} 直交表実験による開発

要旨　自動車の快適性，静粛性に対する市場の要求は厳しく，これに対応して制動系ユニットでは，ディスクブレーキの鳴きが大きな課題となっている．ブレーキ鳴きとは，制動時にユーザーにとって耳障りで不快感を与える異音のことである．その種類は非常に多く，一般的に周波数によって，グー音（数10～数100 Hz），キィー音（1.5～4.0 kHz），チィー音（4.0～12 kHz）に大別できる．技術的にブレーキ鳴きの発生メカニズムの全容は未解明であり，ブレーキ鳴きで市場では勝敗が決するといわれている．本章では，鳴きにくく世界一軽量，コンパクトで低コストな，対向型リアディスクブレーキキャリパを短期開発した事例を示す．ここでは，関連部署との連携により，実験計画法およびFEM解析を活用し，やり直しなく普遍性のある鳴き低減技術を確立している．

読みどころ　技術開発を進めるには，競合はどのような状況かを徹底的に調査し，それを踏まえどの程度の規模で進めるかを考える必要がある．本事例では，競合を徹底的に分析し，複数部署が連携しながら実験を活用しつつ技術開発をしている．実験データの収集と解析を技術開発に応用するには，固有技術との連携が必要不可欠であり，本事例でのメカニズムの検討では，それを十分に実施している．実験計画法だけでなく，定性的可視化手法を多数活用し，競合分析，部門間連携を行い成功している点は，他の参考になる．

7.1　ブレーキキャリパの概要

7.1.1　背景と技術的課題

高級車用リアディスクブレーキの開発にあたり，鳴きにくく世界一軽量，コンパクトで低コストな対向型リアディスクブレーキキャリパに着手する．対向型リアディスクブレーキキャリパとは，キャリパボデーが足まわりに固定され，両側に配置された2個のピストンがパッドを押圧してディスクロータを挟むタイプであり，図7.1にその概要を示す．この対向型リアディスクブレーキキャリパ（以降，キャリパ）は，鳴き性能が世界的に見ても不十分である．この機会に，普遍性ある鳴き低減技

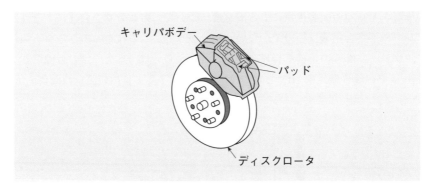

図 7.1 対向型リアディスクキャリパ

術の確立が必要と考え，本テーマを取り上げる．

　現在量産されているキャリパの鳴き性能レベルを見てみると，新品パッドにより鳴き性能レベルの優劣を判断する実車評価法 A での鳴き発生率は，目標値 10% 以下に対して 4% と目標を十分満足している．しかし，市場でのブレーキ鳴きの指摘は多く，実車評価法 A ではブレーキ鳴きの検出が不十分である．これを踏まえ，検出力を向上させるために新品と摩耗パッドによる新実車評価法 B を考案し，その検出力を評価する．図 7.2 に実車評価法とその検出力を示す．その結果，ブレーキ鳴きの検出力が著しく向上していることがわかる．今後は，この検出力の高い評価方法での目標達成を目指す．

　ブレーキ鳴きの再現性の高い新実車評価法 B を用いて，量産していたキャリパの鳴き発生率を求めたところ 92% である．これに対し，いくつかの鳴き対策手法を織り込んだ最新キャリパ（別構造タイプ）では 18% であり，よいレベルにある．また，

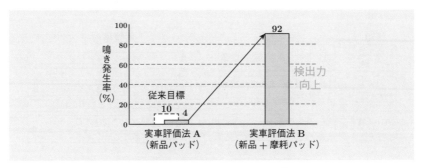

図 7.2 実車評価法 A，B とその検出力

この最新キャリパの顧客視点による満足度について，第 3 者調査会社による評価ではブレーキ不具合指摘は極めて少ない．したがって，この技術力のさらなる強化として，ブレーキ鳴きの指摘を皆無にすることをねらいに，本テーマの目標を新実車評価法 B での鳴き発生率 10％と高く設定する．図 7.3 に目標の設定の概要を示す．

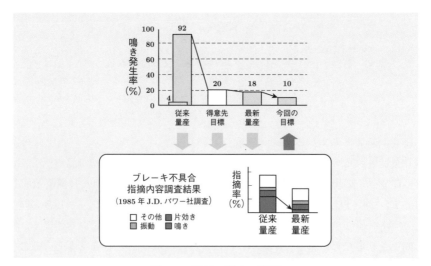

図 7.3　目標の設定の概要

7.1.2　重点実施事項と開発のプロセス

　この新製品を開発するにあたっての大きな制約は，開発期間が 3 ヶ月と非常に短いことである．そこで，事前に開発を進めるうえでの課題を抽出し，方策を十分に検討する．例えば，課題であがったやり直しの予防では，普遍性のある要素技術の

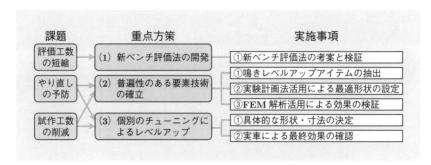

図 7.4　課題と重点方策および実施事項

確立など2項目を重点方策とする．また，これに対して，実験計画法による最適形状の設定など3項目を実施事項として方策展開を行う．図 7.4 に課題と重点方策および実施事項を示す．

重点方策を実行するためには，自部署だけでは対応が難しい．しかも，通常業務の範囲ではタイムリーに対応できない場合が多い．そこで計画時点から，関連部署を巻き込み効率的に開発を進めることにする．図 7.5 にその開発のプロセスを示す．

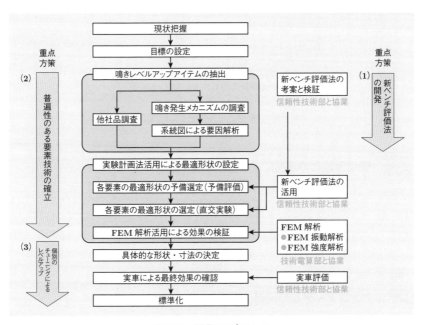

図 7.5 開発のプロセス

短期間で開発するためには，まずブレーキ鳴き評価工数の低減が必須と考えられる．それは，新実車評価法Bは従来の実車評価法に比べ，市場での環境や使用条件を十分考慮し再現しやすくしたことが特徴であるため，評価工数は1回あたり3日を要するからである．そこで，理論的な面から納得できる代用評価法を検討し，実験室での台上試験評価（以降「ベンチ評価」と略す）に置換した新ベンチ評価法Cを導いている．これによれば，1回あたり0.3日で評価できる．

新実車評価法Bと新ベンチ評価法Cの鳴き発生率の相関を見た結果，図 7.6 のように高い正の相関があることがわかり，新ベンチ評価法Cが新実車評価法Bの代用評価になりうる．なおこのデータは，鳴き発生率が異なるいくつかの製品につい

て評価法 B，C により鳴き発生率を求めたものである．図 7.6 中の直線は，最小 2
乗法により求めていて，高度に有意である．この図をもとに，「新実車評価法 B」の
鳴き発生率 10% に対する新ベンチ評価法 C の目標を 15% 以下に設定する．

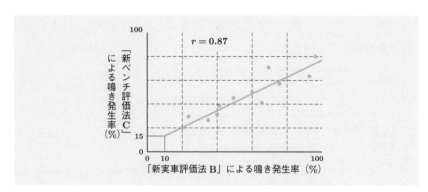

図 7.6　異なる 2 つの評価法の相関調査結果

7.1.3　関連部署との連携による要素技術の確立

　短期間で開発するためには，やり直しのない，試作の少ない開発が要求される．そ
のため，社内外の情報調査によるブレーキ鳴きにくさレベルアップのためのアイテ
ムの抽出と，徹底した予備調査に基づく実験を行う．これとともに，FEM（Finite
Element Method，有限要素法）解析を活用した効果の検証を進め，普遍性のある
要素技術の早期確立をはかる．

鳴きレベルアップアイテムの抽出

　まず，対向型キャリパの世界一流メーカーの製品で，ベンチマーキングを実施す
る．その結果，他社での鳴き低減の方策としてわかったのは

　(1)　トルク受け部形状の工夫によるパッドの挙動安定化

　(2)　パッドの面取り，シム形状などの工夫による車両ごとのチューニング手法
が主流であることである．図 7.7 に，他社品調査結果の例を示す．

　ブレーキ鳴きの発生メカニズムの全容は未解明であるが，一般的にはつぎのよう
に考えられている．まず，パッドとロータの間の摩擦による，パッド摺動方向たわ
みの影響で励振力が生じる．この励振エネルギーがパッドやロータを励振させ増幅
するという，自励振動の形態となっていることが鳴きの根源となる．そして，同時
に相反する力である減衰力が発生し，励振エネルギーが減衰エネルギーより大きい
ときにブレーキ鳴きが発生し，小さいときに発生しない．つまり，このブレーキ鳴

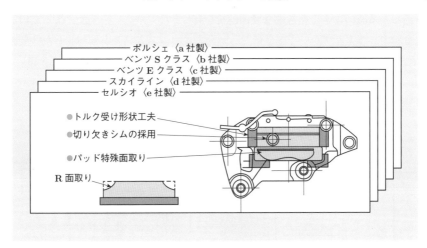

図 7.7　他社品調査結果

きの発生メカニズムは，マイクとスピーカーのハウリング現象に似ている．

　以上のメカニズムより，**ブレーキ鳴きの低減要因**は，(a) 励振力の低減，(b) 振動特性の適正化，(c) 減衰力の増大であると考えられる．図 7.8 に鳴き発生メカニズムの概要を示す．

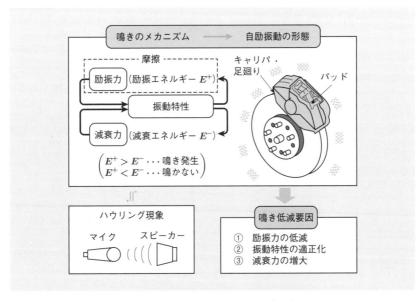

図 7.8　鳴き発生メカニズム調査の概要

　さらに，系統図による定性的な要因解析を行う．図 7.9 に，系統図による要因解析結果を示す．まず，ブレーキ鳴きに対し，発生メカニズム調査より判明した 3 要因に落とし込む．つぎにそれらの要因に対して，i) 他社の着眼有無，ii) 生産面，iii) コスト面，iv) 重量面，v) 予想効果の 5 項目について総合得点で判定した結果，$A, \ldots, J$ の 8 因子が考えられる[1].

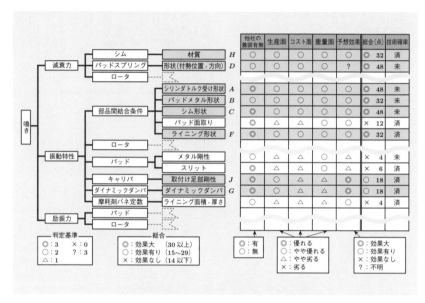

図 7.9　系統図による要因解析結果（要因系統図）

　因子 $F, \ldots, J$ については既存技術にて確立済のため，この技術を採用するものとし，実験の因子としては用いない．また，A：シリンダトルク受け形状，B：パッドメタル形状，C：シム形状，D：パッドスプリング形状の 4 因子について，ブレーキ鳴き低減化のための検討を行う．またこの結果から，B と D については他社が未着眼である要因であることから，重点的に新たなメスを入れる．

---

[1]誤差との混乱を避けるため，因子記号に E は用いていない．また，単位行列との混乱を避けるために因子記号では I は用いていない．

最適形状の設定のための予備評価と実験の計画

7.2.1 ### 各要素の最適形状の予備評価

系統図による要因解析によって得られたブレーキ鳴き低減因子について，具体的な形状を抽出する．その概要を図 **7.10** に示す．

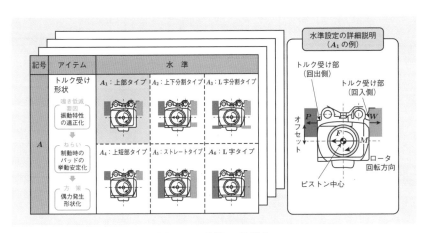

図 7.10　形状の具現化

例えば A：シリンダトルク受け形状については，制動時のパッドの挙動安定化と偶力発生による接触減衰の増大を方策として，$A_1, \ldots, A_6$ の 6 つの水準を検討する．A_1 の水準設定の根拠について説明を加える．制動時にピストンの中心に制動力 F が働きトルク受け部にその制動力を伝えるが，トルク受け部とパッドの図心がオフセットしているためパッドに偶力 M が働き，制動力を直接受けないロータ回入側のトルク受け部に反力 W を与えることになる．したがって，パッドはロータ回出側とロータ回入側の両方のトルク受けに当接することになり，制動時のパッドの挙動が安定する．さらに，ロータ回出側，回入側の両当接部の接触減衰が増大するように考えたものである．このようにして，$A_2, \ldots, A_6$ の 5 つの水準についても，さらに，B，C，D の 3 因子についても形状の具現化を行っている．

効率的な実験計画を構成するために，形状の具現化によって得られた各因子の水準について，予備実験として新ベンチ評価法 C にて比較評価し水準の絞り込みを行う．例えば A：シリンダトルク受け形状については，図 **7.11** のように $A_1, \ldots, A_6$ の各水準を比較評価し，A_1，A_2，A_3 の 2 水準に絞り込んでいる．同様に因子 B，C，D についても，水準の絞り込みを実施する．つぎに，各因子間の最適水準の選

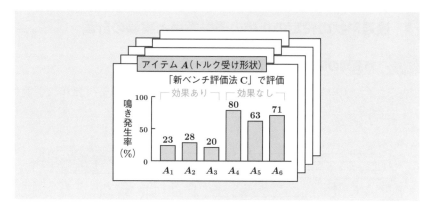

図 7.11　各因子の水準の絞り込み

定の効率化と，交互作用の影響の確認が必要と考え，直交表により一部実施要因計画を構成し，最適化を検討する．

7.2.2　因子と水準の選定

　各因子ごとの予備評価により効果のある上位 3 水準を選定し，因子と水準を表 7.1 のように設定している．このように選んだ理由としては，水準が数値でなく，それぞれが具体的な改善策のアイデアであるため，個々の有効性の高いものから選定し，組合せ効果を期待している．

表 7.1　因子と水準の設定

因子	水準 1	水準 2	水準 3
A：トルク受け形状	A_1：上部タイプ	A_2：上下分割タイプ	A_3：L 字分割タイプ
B：パットメタル形状	B_1：ストレートタイプ	B_2：上段差タイプ	B_3：テーパタイプ
C：シム形状	C_1：切欠きなしタイプ	C_2：入口側切欠きタイプ	C_3：出口側切欠きタイプ
D：パッドスプリング形状	D_1：中央のみ付加	D_2：横方向付勢付加	D_3：下側方向付勢付加

出典：嶋﨑，片桐 (1998).

7.2.3　$L_{27}(3^{13})$ 直交表による実験

　設定した主効果 A，B，C，D に対して確認が必要な交互作用は，固有技術的視点により $A \times B$，$A \times C$，$B \times C$ と考えられる．このため，必要な自由度から算出して最小実験回数で $L_{27}(3^{13})$ 直交表による実験を用いる．線点図へは図 7.12 のように組み込み，よって直交表へは表 7.2 のように割り付ける．

表 7.2　ブレーキ鳴き実験結果の一部

No.	[1] A	[2] B	[3] A×B	[4] A×B	[5] C	[6] A×C	[7] A×C	[8] B×C	[9] D	[10] 誤差	[11] B×C	[12] 誤差	[13] 誤差	発生率 r_1	発生率 r_2
1	1	1	1	1	1	1	1	1	1	1	1	1	1	59.1	54.4
2	1	1	1	1	2	2	2	2	2	2	2	2	2	90.0	81.8
3	1	1	1	1	3	3	3	3	3	3	3	3	3	5.0	4.0
4	1	2	2	2	1	1	1	2	2	2	3	3	3	8.0	2.0
5	1	2	2	2	2	2	2	3	3	3	1	1	1	43.3	42.7
6	1	2	2	2	3	3	3	1	1	1	2	2	2	10.0	7.0
7	1	3	3	3	1	1	1	3	3	3	2	2	2	10.0	13.0
8	1	3	3	3	2	2	2	1	1	1	3	3	3	44.4	44.8
9	1	3	3	3	3	3	3	2	2	2	1	1	1	37.0	34.8
10	2	1	2	3	1	2	3	1	2	3	1	2	3	44.1	43.9
11	2	1	2	3	2	3	1	2	3	1	2	3	1	43.3	42.7
12	2	1	2	3	3	1	2	3	1	2	3	1	2	19.0	16.0
13	2	2	3	1	1	2	3	2	3	1	3	1	2	33.1	31.7
14	2	2	3	1	2	3	1	3	1	2	1	2	3	37.7	36.0
15	2	2	3	1	3	1	2	1	2	3	2	3	1	49.3	49.5
16	2	3	1	2	1	2	3	3	1	2	2	3	1	42.9	41.7
17	2	3	1	2	2	3	1	1	2	3	3	1	2	39.0	38.6
18	2	3	1	2	3	1	2	2	3	1	1	2	3	38.1	37.0
19	3	1	3	2	1	3	2	1	3	2	1	3	2	38.7	37.6
20	3	1	3	2	2	1	3	2	1	3	2	1	3	44.4	44.8
21	3	1	3	2	3	2	1	3	2	1	3	2	1	37.0	34.8
22	3	2	1	3	1	3	2	2	1	3	3	2	1	42.9	41.7
23	3	2	1	3	2	1	3	3	2	1	1	3	2	39.0	38.6
24	3	2	1	3	3	2	1	1	3	2	2	1	3	38.1	37.0
25	3	3	2	1	1	3	2	3	2	1	2	1	3	38.5	37.9
26	3	3	2	1	2	1	3	1	3	2	3	2	1	0.6	6.0
27	3	3	2	1	3	2	1	2	1	3	1	3	2	22.7	22.7
成分	a		a	a		a	a		a	a		a	a		
		b	b	b^2				b		b	b^2	b	b		
				c	c	c	c^2	c		c^2	c^2	c	c^2		

出典：嶋崎, 片桐 (1998) を一部修整

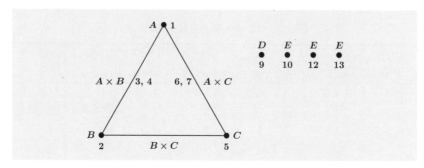

図 7.12　要求される線点図の用意されている線点図への組み込み

　応答を鳴き発生率とした直交表による一部実施要因計画の結果を，併せて表 7.2 に示す．なお応答値は 10〜90% 程度でばらついていて，50% が中心なので特に変換は行わずそのまま用いる．

7.3　$L_{27}(3^{13})$ 直交表実験データの解析と最適設計の選定

7.3.1　分散分析

　実験で得られたデータについて分散分析した結果を表 7.3 に示す．この実験の場合には，測定のみの繰返しを行っていて，そのばらつきは 2 次誤差 $E_{(2)}$ に含まれ

表 7.3　鳴き発生データの分散分析表（プーリング前）

要因	S	ϕ	V	F	p
A	4159.614	2	2079.807	18.676	0.003
B	2234.734	2	1117.367	10.034	0.012
C	1631.254	2	815.627	7.324	0.025
D	7277.201	2	3638.601	32.674	0.001
$A \times B$	718.904	4	179.726	1.614	0.286
$A \times C$	1047.411	4	261.853	2.351	0.167
$B \times C$	555.104	4	138.776	1.246	0.385
$E_{(1)}$	668.169	6	111.362	12.124	< 0.001
$E_{(2)}$	248.000	27	9.185		
計	18540.391	53			

出典：嶋崎，片桐 (1998) をもとに作成．

る．一方，各種の設定などの誤差は **1 次誤差** $E_{(1)}$ に含まれる．その意味で，1 次誤差の p 値が小さいということは，測定のばらつきが十分小さいことを意味していて，技術的に納得しうる．

　つぎに要因効果について，1 次誤差を用いて F 値を求めている．その結果，交互作用 $A \times B$，$B \times C$ の F 値は 2 よりも小さいことから，この変動は誤差によるものと見なす．また，$A \times C$ の F 値は 2 を若干超えた程度であり，主効果の F 値に比べて小さいことからこれも 1 次誤差にプールする．これらの**プーリング**を施した結果について，表 7.4 に示す．この表から，因子 A，B，C，D の主効果が大きいことが確認できる．

表 7.4　鳴き発生データの分散分析表（プーリング後）

要因	S	ϕ	V	F	p
A	4159.614	2	2079.807	12.522	< 0.001
B	2234.734	2	1117.367	6.728	0.007
C	1631.254	2	815.627	4.911	0.020
D	7277.201	2	3638.601	21.908	< 0.001
$E_{(1)}$	2989.588	18	166.088	18.082	< 0.001
$E_{(2)}$	248.000	27	9.185		
計	18540.391	53			

出典：嶋崎，片桐 (1998) をもとに作成．

7.3.2　最適設計の選定

　有意な要因について各水準の母平均を推定する．主効果のみが有意であるので，A から D それぞれの効果推定を行う．その結果を図 7.13 に示す．

　先の分散分析の結果を受け，因子 A，B，C，D について，最も好ましい水準を求める．その際，すべての因子について主効果のみを考慮すればよいので，それぞれの因子ごとに好ましい水準を求める．例えば，因子 A については，A_3 のときの応答の平均 $\overline{y}_{A_3}$ が，A_1，A_2 のときの応答の平均 $\overline{y}_{A_1}$，$\overline{y}_{A_2}$ に比べて小さい値となるので，A_3 を選定する．同様に検討を進めたところ，B_2，C_3，D_3 が好ましい水準であるので，最適な水準として A_3，B_2，C_3，D_3 を選定する．

　この形状をまとめたものを図 7.14 に示す．また，他社形状との比較を併せて示す．これから，今回求めた形状は他社にないタイプであることがわかる．

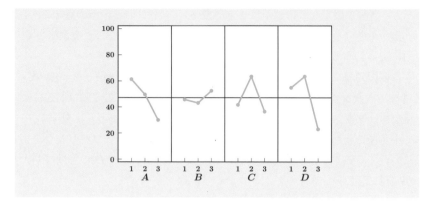

図 7.13　ブレーキ実験結果の要因効果図

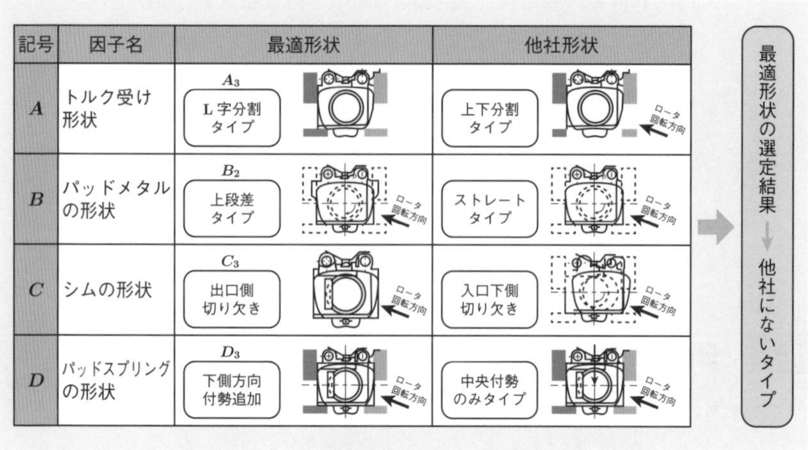

記号	因子名	最適形状		他社形状		
A	トルク受け形状	A_3 L 字分割タイプ		上下分割タイプ		
B	パッドメタルの形状	B_2 上段差タイプ		ストレートタイプ		
C	シムの形状	C_3 出口側切り欠き		入口下側切り欠き		
D	パッドスプリングの形状	D_3 下側方向付勢追加		中央付勢のみタイプ		

最適形状の選定結果 → 他社にないタイプ

図 7.14　最適形状および組合せの決定

7.3.3　FEM 解析活用による効果の検証

　直交表による実験の結果，ブレーキ鳴きに効果のあるキャリパの各要素の最適形状が，他社にないタイプとなっている．その効果の検証を，実施する．まず，A，B，C，D の各要素ごとに，FEM 解析などを活用した机上計算と実験により，効果の検証を行う．

　例えば，D：パッドスプリング形状については，直交表による実験の結果より，D_3

の下側方向の荷重を付加（付勢）するタイプが最も有効である．これを FEM 振動解析にて検証してみると，図 7.15 のように，正しくスプリングで荷重を付加した部位の振動が最大となっている．さらに，この部位に対して下側方向に荷重を与えると，下側のトルク受け面からの反力とでパッドを挟み込む形となり，接触減衰効果が有効に働き，減衰力が発生しやすい構造となることも確認できる．

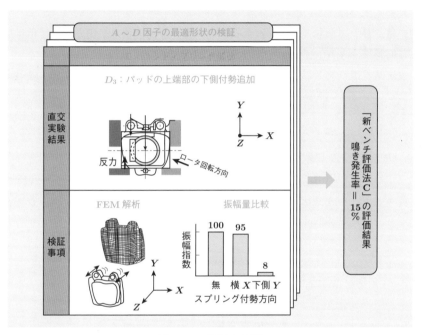

図 7.15 効果の検証

　これをもとに，スプリングの付勢方向の違いによる実機の振動振幅量の比較実験を行ったところ，スプリングの付勢を下側方向に付加した場合に最も振幅量が小さいことが確認できた．このように，いずれの要素においても，直交表による実験の結果と検証事項の結果が一致し，最適形状とその組合せの確からしさが確認できた．つぎに，新ベンチ評価法 C で評価した結果，鳴き発生率は 15％（＝ 代用目標値）で，この最適形状とその組合せはブレーキ鳴きに効果があることがわかった．したがって，対向型キャリパにおける普遍性のある要素技術が確立できたと判断する．

7.3.4　詳細な設計諸元の決定

　効果の検証における鳴き発生率15％は，目標の上限近くである．そこで，具体的な形状，寸法を決定する中で，チューニングによるレベルアップが必要となる．ここでは，直交表による実験にて得られた各要素のブレーキ鳴き性能に対する最適形状以外に，背反検討事象などを考慮しながら，キャリパ個別のチューニングを行いレベルの向上をはかる．

　例えば，D：パッドスプリング形状について，最適形状は下側方向の荷重付加であると同時に，クロンク音と呼ばれるディスクブレーキにおける制動時のパッドがその設定クリアランスによりマウントボデーと衝突する際の打音も考慮しなければならない．図 7.16 に示すように，ブレーキ鳴き性能に寄与する下側方向のスプリング荷重 F は，新ベンチ評価法Cの鳴き評価結果より，代用目標の15％を満足するには α 以上必要である．このため，クロンク音に寄与する横方向のスプリング荷重 P は同様に β 以上必要であることがわかる．また，スプリングの不用意な荷重アップはパッドの円滑な摺動を阻害するので，下限値に荷重などのばらつきを考慮し，$F = \gamma$，$P = \delta$ と決定し，荷重を付加することにする．A，B，C の各要素についても同様に具体的寸法，形状を決定している．

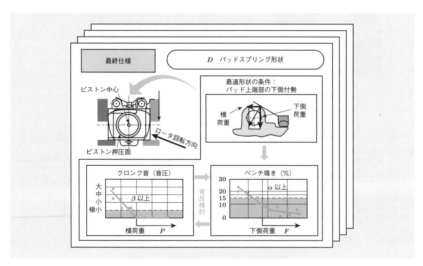

図 7.16　具体的寸法，形状の決定

7.3.5　効果の確認

　個別のチューニングを完了した最終仕様の対向型ディスクブレーキキャリパを，新実車評価法 B にて効果の確認を行う．その結果，図 **7.17** のように鳴き発生率が 7％となり，初期仕様に比べて大幅に低減され，目標の 10％を達成している．また，コスト，重量もねらいを満足している．

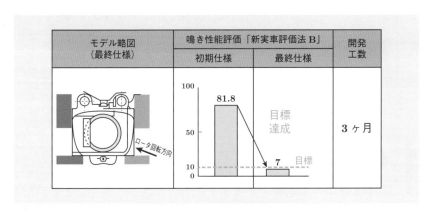

図 7.17　実車による最終効果の確認

　以上の結果より，図 **7.18** のような設計要領書を作成し，対向型リアディスクブレーキキャリパの設計手法が確立できた．本検討について，得られた成果をまとめるとつぎのとおりとなる．

(1)　テーマに取り上げているモデルの成果として，対向型リアディスクブレーキキャリパの開発コンペにおいて，競合他社を凌駕し，得意先より好評価が得られた．また，関連部署との連携により，3 ヶ月で短期開発ができた．

(2)　技術的知見，財産として，この技術をフロント対向型キャリパに織り込むことで，開発工数 3 週間で同様な成果を得ることができた．このことから，対向型キャリパにおける当社独自のブレーキ鳴き低減技術が確立し，その対策に普遍性を持たせることができた．さらに新実車評価法 B と相関が高く，短時間で評価できる新ベンチ評価法 C の開発ができた．

(3)　QC 手法として，新 QC 7 つ道具，実験計画法，FEM 解析の計画どおりの活用により，やり直しなく，効率的に開発を進めることができている．さらに実験計画法の活用で，ブレーキ鳴き対策としての各要素技術の選定が，既知の概念にとらわれることなく行えている．

	ねらい	アイテム	手	法
低周波	●偶力によるパッドの挙動安定化	(a) シリンダトルク受け形状最適化 (b) パッドトルク受け形状最適化 (c) シムの切り欠き形状化	◆ピストン ◆段差 ◆作図によ	・耐久 擦系数 偏摩耗
	●減衰効果による振動低減化	(d) パッドスプリングによるパッドへの付勢 (f) アウトシリンダトルク受け部	◆パッド端 ◆FEM	付勢 解析
高周波	●減衰効果による振動低減化	(d) パッドスプリングによるパッドへの付勢	◆パッド端	の付勢

図 7.18　設計要領書による標準化の概要

7.4　本事例のポイント

(1)　本事例では，予備調査により要因を定性的に徹底的に検討したうえで，定量的な検討のため 3 水準の直交表実験を行い，その後個別のチューニングにより，目標とする鳴きにくいブレーキの開発に成功している．予備調査を徹底的に実施することは，実験前の工数はかかるものの，適切な因子設定，水準設定，実験計画の構成ができ，結果的に早期の開発を可能にしている．すなわち本事例では，実験計画前に定性的な検討を十分に実施することの重要性を改めて示している．

(2)　本事例では，鳴きメカニズムについて検討を行い減衰力，振動特性，励振力へ着眼することの重要性を考察し，これをもとに系統図を作成して要因について展開している．そして展開した要因について，予想効果，生産性，コストなどの視点から評価している．さらにそれらを，技術的な確立度合いから吟味し，最終的に実験で取り上げる因子を考察している．

　上記のアプローチを一般化してあらわすと，(a) 対象メカニズムの検討の後，(b) (a) を着眼点に要因を展開し，(c) (b) を予想効果などの視点から評価し，(d) (c) の結果を技術的確立度合いに照らし合わせて因子を選定している，とあらわすことができる．このステップは，他の事例においても十分参考になると考えられる．

(3)　本事例では，4 つの因子について主効果と特定の交互作用を取り上げ，3 水

準の直交表により一部実施要因計画を構成している．そしてその際，測定の繰返しを用いた分割実験にしている．この分割実験では，測定による変動が2次誤差となり，実験誤差が1次誤差となる．

2次誤差の変動が，主効果による変動や1次誤差に比べて小さいことは，測定による変動が主効果による変動や他の誤差による変動よりも小さいことを示していて，測定の精度が確保されていることを示している．本事例では，測定方法自体の開発も重要課題の1つであり，その点を，技術開発と同時に，3水準の直交表を用いた分割実験により検討している．

(4)　本事例では，因子 A として取り上げたトルク受け形状について，まずメカニズムを考慮したうえで水準の候補を設定している．そして定性的な検討で，候補のうちの半分が他方と比べて明らかに優れていると考えられるので，優れていると思われる水準のみを取り上げることで，効率的な実験計画を構成している．このように候補となる水準をいくつか設定し，それらを定性的に評価して水準数を絞ることは，実験を効率的に行うための1つのアプローチである．

(5)　本事例では部門間の連携より，鳴きにくいブレーキの開発を短期間で進めている．その際に重要であったことの1つとして，評価時間の短縮のために新ベンチ評価法を信頼性技術部門と共同で開発したことがあげられる．また効果の検証時に，電算部門と共同して FEM 解析を実施している．このような部門横断的プロジェクトにして，それぞれの部門の強みを発揮することで短期開発を成功に導いている．

Q & A

Q15. 実験で欠測値があった場合，その実験は失敗だと考えるべきでしょうか？

A15. ここでの欠測値は，測定ミスや実験条件の設定ミスなどの人的原因で欠測値になったのではなく，正しく実験されたが，応答のデータが取得できなかった場合とします．この場合は，欠測値が出た実験条件ではものができない，すなわち，応答のデータが取得できないことが知見として得られたことになります．一般的に，実験計画法を活用した場合，分散分析法や応答曲面解析による解析を行い，推定までできて，実験が終わったと考えられていると思われます．解析ができないと，実験は失敗したと思われる方が多いように思われます．しかし，実験の目的を考えると，必ずしも解析までできなければならないということではありません．実験は，技術

情報を未知から既知にするため，仮説を立てて検証することが目的の 1 つです．未知のことに対する検証のため，計画を立てて実験を行うのですから，欠測値になることもあります．因子と水準を大胆に設定した結果，欠測値が出るような実験は，応答が得られる範囲が絞り込めるという意味では，今後の技術開発に大いに役立ちます．開発初期の実験では，獲得できている技術情報が少ないため，欠測値になってしまうこともしばしばあります．これらの理由により，欠測値があった実験は，失敗と考えなくてよく，むしろ成功と考えてよいのではないでしょうか．　　(久保田 亨)

Q16. 要因効果図における効果の差と，水準間の有意差の結果はどのように対応しますか？

A16. 厳密には，要因効果図における効果の差が，多重比較を行ったときの有意差より大きければ効果に差があるといえます．多重比較は，3 組以上の平均値の差の検定に用いられ，全体としての有意水準を当初の設定どおり（一般的には 5 ％）にできるよう，個々の有意水準を調整する方法です．厳密ではないものの，分散分析の結果を活用できる目安としては，要因効果図における効果の差が**最小有意差**（least significant difference：LSD）より大きいとき，水準間に有意差があると考えてもよいでしょう．最小有意差は，母平均の差の信頼区間の幅の半幅であり，次式となります．

$$t(\phi_e)\sqrt{\frac{2V_2}{n}}$$

(久保田 亨)

Q17. プーリングの目安を教えてください．また，モデル選択での目安と，検定での目安は違うのでしょうか？

A17. プーリング（pooling）とは，効果がないと思われる要因を誤差と見なし，それ以降の解析ではその要因を用いないことです．分散分析表では，それらの要因の変動を誤差による変動と合わせ，新たな誤差による変動として求めます．プーリングについて，数理的に正しい手順は存在しません．下記が目安としてよく用いられます．

(1)　プーリングの目安として，要因による分散と誤差による分散の比である F 値が 2 以上，がよく用いられます．これは，効果がないのにあると判定する第 1 種の誤りと，要因効果を見逃してしまう第 2 種の誤りのバランスを考えたもの

で，回帰分析における変数選択基準として用いられる $F = 2$ とも整合します.

(2) 交互作用による変動が大きくこれをモデルに含む場合には，その主効果はプールせずモデルに残しておきます.これは，主効果がなく交互作用のみで応答に影響するという現象が，現実的には考えにくいという理由によります.

(3) 一部実施要因計画などにおいて，誤差分散の自由度が1や2では，誤差の評価が十分でなく推定が安定せず，効果を検出するための F 値の精度がよくありません.誤差の自由度が4，5を目安とするとよいでしょう.

(4) 仮説検定においては，効果がないのにあると判定する第1種の誤りを所与の値，例えば $\alpha = 0.05$，になるように F 値の基準を求めます.すなわち，仮説検定では第1種の誤りを定めそれを保証する棄却域を求めて判定しているのであり，第2種の誤りは考慮していません.これに対しプーリングでは，前述のように両者の誤りを総合的に考えて目安を $F = 2$ としているので，$\alpha = 0.05$ というような明確な保証は得られません.

（山田 秀）

8 鋳造品の鋳肌あらさの静特性SN比解析による向上

要旨 製品開発，設計や生産技術開発では，一般に，さまざまなばらつきを考慮する必要がある．本事例では，さまざまなばらつきを考慮し，高品質だけでなく，低コスト，高生産性等の特徴を備えた新鋳造法を導入している．その中で，直積配置で収集するデータをもとに静特性のSN比を用いて処理条件を効率的に求め，実用化の目処をつけている．

読みどころ 本事例では，顧客要求と製品仕様の関連を定性的に整理するために品質表を作成し，それをもとに系統図により対策を絞り出している．また，実験データの解析結果を品質表に織り込み，製造への情報伝達ツールとしている．実験データの収集，解析の前段階，後段階に，このような定性分析を実施し円滑な推進を目指している点は，他の問題の解決に際して大いに参考になる．

8.1 技術課題の明確化と目標設定

8.1.1 新鋳造法の導入上の課題

新規に生産する小物の鋳造品に対し，高品質，低コスト，高生産性をねらいとして，新たな鋳造法を導入することが検討されている[1]．この新鋳造法は，海外で注目を集めており，国内でも多くの会社が研究をはじめている．新鋳造法の導入にあたり，最初に技術課題の抽出を行う．

生産対象となる製品の要求品質を鋳物の品質特性に変換し，品質表で整合性を調査する．その結果を表8.1に示す．要求品質は，顧客ニーズの整理と市場優位性を高めるためのさらなる付加価値の検討を行うことで抽出する．品質特性は，鋳造品において従来から品質特性として管理されている項目と，新たに顧客ニーズや新鋳造法のセールスポイントから重視しなければならないものから洗い出している．すべての品質特性に対する品質目標を設定し，今まで得られている知見や収集した情

---

[1]事例部（8.1節〜8.4節）は，平野（1986）をもとに，著者（久保田享）が人工データを生成するとともに記述を追加して活用事例の解説としてまとめたものである．

報をもとに品質目標の実現性を検討している．鋳造品は素形材であるため，基本的な性能に関する阻害要因である鋳巣による圧洩れだけでなく，顧客や後工程での加工や組付け時の阻害要因も考える必要がある．その結果，鋳肌あらさがボトルネックとして抽出され，早期に解決の目処づけをする必要があることが判明した．

表 8.1　ある鋳造物製品の品質表

			面粗		寸法			外観			物性		開発重要度
			鋳肌あらさ	加工面あらさ	形状	肉厚	寸法	色	鋳バリ	異物残存量	材料	重量	
製品の負担	内面がきれい	異物なし								○			○
	軽い	肉薄			○	○	○				○	○	○
		軽量			○	○	○				○	○	
加工性	加工代少				○								
	加工面少				○								
	加工面がきれい			○	○						○		
	適度な硬度										○		
高品質	劣化	変形なし			○						○		
		割れなし			○						○		
		変色なし						○			○		
	破損	強い									○		○
		亀裂なし	○										
	圧洩れ	洩れなし									○		
		バリなし								○			
美肌	鋳肌きれい		○						○				
	汚れにくい		○										○
	外観がいい		○		○								○
経済的	低コスト				○						○	○	○
難易度	低い				○				○	○			
	普通			○		○	○	○			○		
	高い		○										

現状把握と目標の設定

新鋳造法の工程は，図 8.1 に示すとおりである．また，新鋳造法による鋳造品の表面あらさについて調査を行ったところ，以下のことが確認されている．通常，鋳肌あらさの向上対策として，発泡ポリスチレンの原料ビーズを細分化（発泡倍率を小さくする）し，成型体におけるビーズ間隔を小さくする．しかし，発泡倍率が小さいほど，**鋳肌あらさ**は向上するが，原料ビーズの比重が増大するため，溶湯の呑

込みが悪くなり湯廻り不良が発生する．したがって，発泡倍率を小さくすることは
現実的ではないため，例えば鋳造，塗型条件などの他の諸条件を実験計画法により
決める．なお，目標は現在量産中の金型鋳造品の規格値 40（μm）とする．

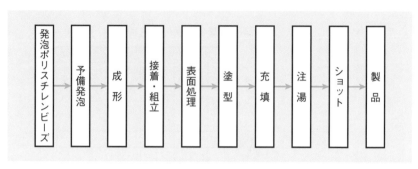

図 8.1　新鋳造法の工程図

8.1.3　解決方針の検討

　鋳肌あらさ向上対策の方法を，系統図を用い明確にする．検討の結果から導かれ
た系統図を，図 8.2 に示す．この図から，表面処理剤のコーティングの効果が大き
いことがわかる．表面処理剤のコーティングは，有機樹脂で表面を埋めることで行
われる．そこで，これには発泡ポリスチレンとほぼ同沸点の有機樹脂でビーズ間隔
を埋めることが得策と考えられる．このために使用する表面処理剤については，事
前にピックアップした 5 種類の中から効果，実現性，経済性，生産性の影響度によ
り重み付け評価し，上位 2 種類を選定した．その評価の概要を，表 8.2 に示す．

表 8.2　表面処理剤の評価

処理剤	効果	実現性	経済性	生産性	総合評価
	4	3	2	1	
a	4	4	2	2	34
b	4	3	2	3	32
c	4	1	3	2	27
d	1	3	3	2	21
e	3	2	4	2	28

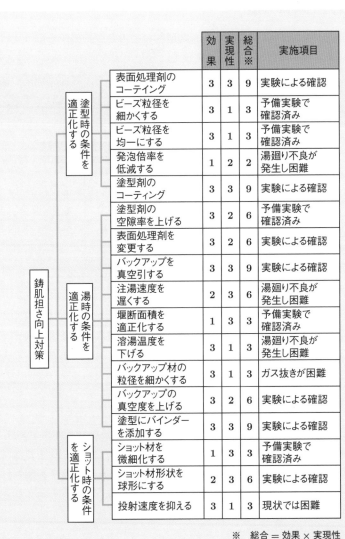

		効果	実現性	総合※	実施項目
塗型時の条件を適正化する	表面処理剤のコーティング	3	3	9	実験による確認
	ビーズ粒径を細かくする	3	1	3	予備実験で確認済み
	ビーズ粒径を均一にする	3	1	3	予備実験で確認済み
	発泡倍率を低減する	1	2	2	湯廻り不良が発生し困難
	塗型剤のコーティング	3	3	9	実験による確認
	塗型剤の空隙率を上げる	3	2	6	予備実験で確認済み
	表面処理剤を変更する	3	2	6	実験による確認
湯時の条件を適正化する	バックアップを真空引する	3	3	9	実験による確認
	注湯速度を遅くする	2	3	6	湯廻り不良が発生し困難
	堰断面積を適正化する	1	3	3	予備実験で確認済み
	溶湯温度を下げる	3	1	3	湯廻り不良が発生し困難
	バックアップ材の粒径を細かくする	3	1	3	ガス抜きが困難
	バックアップの真空度を上げる	3	2	6	実験による確認
	塗型にバインダーを添加する	3	3	9	実験による確認
ショット時の条件を適正化する	ショット材を微細化する	1	3	3	予備実験で確認済み
	ショット材形状を球形にする	2	3	6	実験による確認
	投射速度を抑える	3	1	3	現状では困難

鋳肌担さ向上対策

※　総合＝効果×実現性

図 8.2　対策検討の系統図

8.2　実験の計画

8.2.1　因子と水準の選定

　系統図などを用いた検討により，表面処理剤などの 6 つの因子を取り上げる．取り上げる因子を，表 8.3 に示す．この実験では効果の大きい因子を見つけるため，2 水準系の直交表を用いる．実験に取り上げる 6 因子のうち，表面処理剤の塗布回数とバックアップ内圧は効果の非線形性が考えられるので 3 水準に設定する．

表 8.3　因子と水準

因子	水準 1	水準 2	水準 3
A：表面処理剤の種類	A_1	A_2	—
B：表面処理剤の塗布回数	B_1	B_2	B_3
C：バックアップ内圧	C_1	C_2	C_3
D：塗型の塗布回数	D_1	D_2	—
F：塗型のバインダー添加量	F_1	F_2	—
G：ショットの種類	G_1	G_2	—

　他の因子は質的な因子であるか，または線形性の効果と考えられるので 2 水準とする．それぞれの水準値は，従来の研究成果と予備実験による結果を踏まえ設定する．水準の記号について，表 8.3 に併せて示す．なお実験は，新鋳造法導入の目処づけが目的であるので，小型実験機を使用する．

8.2.2　計画の設定

　割付けは，主効果 A，B，C，D，F，G と確認が必要な交互作用 $A \times D$，$D \times F$ を取り上げ，$L_{16}(2^{15})$ 直交表を用いる．3 水準の因子は，ダミー法で割付けを行う．ダミー法とは，2 水準系の直交表の 3 列を用いて 4 水準の因子を割り付けられるようにし，そこに 3 水準の因子を割り付ける方法である．その際の 3 列は，任意の 2 列とそれらの間の交互作用列を選ぶ．あまった水準値には，すでに設定した水準を再び設定する．

　線点図を用いた割付けの様子を，図 8.3 に示す．今回の実験の因子 B の割付けでは，まず，第 [1]，[7] 列とその交互作用列の第 [6] 列を用いて 4 水準の因子を割り付けられるようにする．つぎに，第 [1] 列の水準 1 と第 [6] 列の水準 1 の場合を第 1 水準，第 [1] 列の水準 1 と第 [6] 列の水準 2 の場合を第 2 水準，第 [1] 列の水準 2 と第

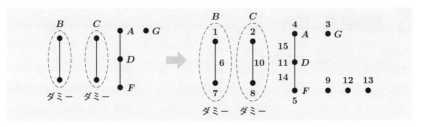

図 8.3 　線点図による割付け

[6] 列の水準 1 の場合を第 3 水準とする．そして，第 [1] 列の水準 2 と第 [6] 列の水準 2 の場合は再び第 1 水準とする．第 1 水準を再び設定した理由は，この水準値を技術的に重要視しており，できるだけ多くの情報を必要とするからである．直交表による割付けを表 8.4 に示す．

表 8.4 　$L_{16}(2^{15})$ 直交表への割付け

No.	B 1,6,7	C 2,8,10	G 3	A 4	F 5	D 9	D 11	D 12	D 13	$D \times F$ 14	$A \times D$ 15
1	1	1	1	1	1	1	1	1	1	1	1
2	1	2	1	1	1	2	2	2	2	2	2
3	2	1	1	2	2	1	1	2	2	2	2
4	2	2	1	2	2	2	2	1	1	1	1
5	2	3	2	1	1	1	2	1	1	2	2
6	2	1	2	1	1	2	1	2	2	1	1
7	1	3	2	2	2	1	2	2	2	1	1
8	1	1	2	2	2	2	1	1	1	2	2
9	3	1	2	1	2	2	2	1	2	1	2
10	3	2	2	1	2	1	1	2	1	2	1
11	1	1	2	2	1	2	2	2	1	2	1
12	1	2	2	2	1	1	1	1	2	1	2
13	1	3	1	2	2	1	1	1	2	2	1
14	1	1	1	1	2	2	2	2	1	1	2
15	3	3	1	2	1	2	1	2	1	1	2
16	3	1	1	2	1	1	2	1	2	2	1

　測定は，部位によるばらつきを考慮する必要があるので，製品の 4 箇所で行う．これを $K_1, \ldots, K_4$ とする．この実験計画は，内側因子に制御因子 A，B，C，D，F，G，外側因子に部位 K を割り付けた直積配置となる．なお応答は，それぞれの部位での 10 点での平均あらさとする．

8.3 実験結果と解析

8.3.1 分散分析による検討

実験順序を無作為化し，それに基づいて実験を行い，表面あらさの測定を行う．その結果を表 8.5 に示す．この実験から得たい情報は，場所にかかわらず表面あらさが小さくなる条件である．また外観の美しさを考えると，ばらつきも小さい方が望ましい．そこで

$$\text{SN 比} = -10 \log \frac{1}{4} \sum_{j=1}^{4} y_{ij}^2$$

で求められる SN 比を用いた解析を行うことにする．なお上式において，内側配置の第 i 水準組合せにおけるデータを $y_{i1}, \ldots, y_{i4}$ としている．この SN 比は，静特性のパラメータ設計における望小特性の解析によく用いられる．ここでのデータは，表 8.4 を内側配置，測定部位を外側配置とする直積配置となっている．内側配置の水準組合せごとに SN 比を求めたものを，表 8.5 に併せて示す．

表 8.5 実験結果

No.	K_1	K_2	K_3	K_4	SN 比
1	53	40	50	39	-33.2377
2	48	55	52	40	-33.8170
3	50	50	52	65	-34.7454
4	70	53	43	65	-35.3728
5	40	49	22	32	-31.3901
6	42	14	45	40	-31.4496
7	34	35	32	67	-32.9524
8	46	85	31	50	-35.0522
9	20	30	18	18	-26.8753
10	53	62	22	70	-34.7846
11	37	68	45	40	-33.8102
12	32	60	59	47	-34.1137
13	39	36	53	72	-34.3177
14	40	30	50	23	-31.4059
15	70	66	75	58	-36.5908
16	72	107	44	58	-37.3904

　SN 比を解析用の特性値として分散分析を行った結果を，表 8.6 に示す．この分散分析表から，因子 A：表面処理剤の種類と，因子 G：ショットの種類が大きく影響することがわかる．特に，因子 A：表面処理剤は，効果があることはある程度予想されていたが，その予想を超えた効果の大きさである．後の解析では，効果の大きな A，G を中心に検討を進める．

表 8.6　分散分析表

要因	S	ϕ	V	F	p
A	32.347	1	32.347	18.696	0.008
B	0.900	2	0.450	0.260	0.781
C	6.496	2	3.248	1.877	0.247
D	7.948	1	7.948	4.594	0.085
F	2.475	1	2.4754	1.431	0.285
G	16.911	1	16.911	9.774	0.026
$A \times D$	5.434	1	5.434	3.141	0.137
$D \times F$	11.071	1	11.071	6.399	0.053
誤差	8.651	5	1.730		
合計	92.238	15			

　今回は SN 比を用いた解析をしていて，これに与える影響が大きい因子があるということは，その因子と外側配置に割り付けた測定位置との交互作用が大きいことを意味している．このことから，表面処理剤を適切に選定することにより，測定部位によらず小さな応答値を与えることが期待できる．また因子 G：ショットの種類は，因子 A：表面処理剤の種類のつぎに効果の大きい因子であり，同様の解釈となる（表 8.6 参照）．

　因子 B：表面処理剤の塗布回数と，因子 C：バックアップ内圧は，量的な因子であり，さらに非線形性が考えられるとして 3 水準の設定を行っている．これらの因子について，F 値を見ると因子 B は 1 よりも小さく，今回の実験で取り上げた範囲では SN 比にほとんど影響しないことがわかる．したがって，例えばコストなどの他の理由を考慮し条件設定を行う．一方の因子 C について，F 値は 2 に近く，明確に結論づけることはできない．

　なお，この工程で不良が多発したときに，表面処理剤の塗布量やバックアップ内圧などの調整しやすい設定値を変更し，不良の発生を抑えようとすることがある．しかしながら，今回の結果からは，そのような調整はあまり意味がないということもわかる．

8.3.2   要因効果の検討

つぎに要因効果図を用いて，因子 A, G についてよい条件を求める．これらの因子について，要因効果図を図 8.4 に示す．要因効果図からは，表面処理剤は A_1，ショットの種類は G_2 の方がよいことがわかる．要因効果図では，量的な因子ではなく質的な因子であっても推定値がプロットされた点を結ぶことがよく行われる．今回の要因効果図は，質的な因子の要因効果図であるので，設定した水準の違いでどれだけ SN 比に差があるかの検討だけが可能である．今回の実験では種類という質的なものとして取り上げているが，これを何らかの連続的な物理量で表現できるのであれば，量的な因子の要因効果図と同様の考察が可能である．しかし，今回の実験で取り上げた表面処理剤とショットの種類は，さまざまな成分の混合で性質が決まってくるので，1 つの代表する物理量と関連して考察することは避け，水準間の差の大きさを確認する．

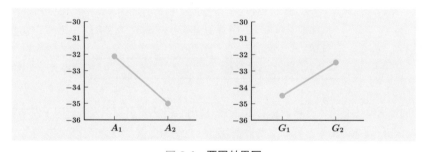

図 8.4　要因効果図

表面処理剤は水準 1 と水準 2 で約 2.8 db，ショットの種類は水準 1 と水準 2 で約 2.1 db の差がある．一般的に SN 比では，3 db 違うと 2 倍よくなると経験的にされている．したがって，表面処理剤の水準 1 は水準 2 に比べ倍，ショットの種類の水準 2 は水準 1 と比べて 7 割増しぐらい鋳肌あらさの点で優れているといえる．

SN 比は大きい方が相対的によいということを示しているので，要因効果図から判断（高い方の水準がよい）し，最適条件を求める．条件 A_1, G_2 での SN 比 $SN(A_1, G_2)$ を計算すると

$$SN(A_1, G_2) = \overline{SN} + (\overline{SN}_{A_1} - \overline{SN}) + (\overline{SN}_{G_2} - \overline{SN}) = -31.131$$

となる．ただし，$\overline{SN}$, $\overline{SN}_{A_1}$, $\overline{SN}_{G_2}$ はそれぞれ，SN 比について，全体の平均値，A_1 のときの平均値，G_2 のときの平均値をあらわす．比較のために A_2, G_1 での計

算を同様に行うと，-36.032 となる．したがって，これらの条件下での差は $4.901\,\mathrm{db}$ となる．すなわち，それぞれの要因の条件設定を適切に行えば，大きな効果が得られることを示している．

さらに SN 比だけでの検討では，具体的な効果の大きさがわかりにくいので，真数に戻し確認する．今回用いた望小特性の SN 比の場合，応答の真数 y との間に

$$\text{SN 比} = -10\log y^2$$

という関係がある．この関係を用いて効果の大きさを算出すると，

$$y = 10^{-\text{SN 比}/20}$$

となる．上記を用いて A_1，G_2 のときの真数を計算すると 36.02 となり，一方，比較条件である A_2，G_1 のときの真数は 63.32 となる．これらの差からもわかるとおり，適切な条件設定により表面あらさが大きく改善できることを示している．

8.3.3 実験結果の考察

(1) 上記の因子 A，G の効果が確認できたのは，技術財産として大きな収穫である．新規の工法開発であるので，大きな効果が欲しかったのではあるが，予備実験やさまざまなトライの結果，確実に成形でき，かつある程度の表面あらさが期待できる範囲で水準設定をしたため，あまり大きな効果のある因子を見出すことはできていない．水準の差を広くとるなど，もっと大胆な水準設定を行うことは，開発初期によく行われる実験であるが，今回は技術情報の蓄積があるため，このような結果になったと考えられる．

(2) 表面処理剤について，表面処理剤の質と量のどちらの影響が大きいかを明確にできている．ショットの種類については，検討したとおり球状のものの方がよい．物理的に考えても，なるべく均一に表面にあたる方が表面が滑らかになりやすいと考えられるので，技術的に納得できる結果である．

(3) SN 比による解析では，外側配置の因子として取り上げた因子 N：部位について，この効果や部位と制御因子との交互作用は SN 比と誤差に含まれた形になっている．部位による影響を把握するためには，因子 N を取り上げた分散分析を行う．具体的には，前述の $16 \times 4 = 64$ のデータを用いて，要因として A, B, C, D, F, G, $A \times D$, $D \times F$, N, $A \times N$, $B \times N$, $C \times N$, $D \times N$, $F \times N$, $F \times N$ を取り上げた分散分析を行う．この結果，場所による効果，場所と制御因子の交互作用はあるものの，その大きさは因子 A，G に比べて小さいことがわかる．

8.4 追加実験と効果の確認

8.4.1 追 加 実 験

　さらによい条件を求めるために，表面処理剤の種類を 2 種類追加する．また，塗型へのバインダー添加量を再度取り上げ，2 因子要因計画による追加実験を行う．その際，今まで取り上げていない水準を用いる．追加実験の因子と水準を表 8.7 に示す．なお，今回の追加実験では，先の実験結果より場所による影響があまり大きくないことがわかっているため，1 箇所のみの測定とする．実験順序を無作為化し実験を行った結果を，表 8.8 に示す．

表 8.7　追加実験の因子と水準

因子	水準 1	水準 2	水準 3
A：表面処理剤の種類	A_1'	A_2'	A_3'
F：塗型のバインダー添加量	F_1'	F_2'	F_3'

表 8.8　追加実験の結果

	A_1'	A_2'	A_3'
F_1'	40	27	32
F_2'	43	31	33
F_3'	47	43	38

表 8.9　追加実験結果の分散分析表

要因	S	ϕ	V	F	p
A	174.89	2	87.44	10.154	0.027
F	149.56	2	74.78	8.863	0.035
誤差	34.44	4	8.61		
合計	358.89	8			

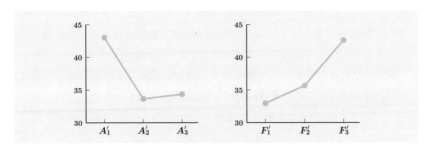

図 8.5　追加実験での要因効果図

　このデータから，表 8.9 に示す分散分析表と図 8.5 に示す要因効果図を得る．分散分析では，因子として取り上げた A：表面処理剤と F：塗型のバインダー添加量

の影響が大きいことがわかる．また要因効果図からは，因子 A の表面処理剤は，A_2' と A_3' はほとんど差がないが，A_1' と，A_2'，A_3' との間には大きな差があることがわかる．

この追加実験で得られた最適条件での工程平均の推定を行う．最適条件は A_2'，F_1' である．主効果のみが含まれるモデルを用いて推定を行うと，点推定値は 29.6 で 95％信頼区間は 29.6 ± 6.07 となる．

この結果から，工程平均が最悪の場合を考えると，工程平均は 35.7 となる．目標と比べると厳しいが，点推定で得られた 29.6 あたりであれば，目標達成はそれほど困難ではない．今後は，確認実験を行い効果の確認をする必要がある．

また，因子 F：塗型のバインダー添加量の要因効果図は，若干の非線形性が見られるが，この程度であれば，ばらつきの範囲とも考えられる．今後，他の工法開発において塗型のバインダー添加量について検討する機会があれば，3 水準を設定した実験を行い，非線形性の確認をしていく必要がある．

8.4.2 効果の確認

先の実験と，今回の追加実験の結果を踏まえて考えると，最もよい条件は，$A_1 F_1' G_2$ である．またその他の条件は，経済性などを考慮し B_1，C_1，D_2 とする．具体的には，選定の経緯はつぎのとおりである．

因子 A については，先の実験結果から A_1 がよいと考えられる．それは，先の実験で A_1 がよい結果が得られ，追加実験でそれを A_2' として再度取り上げている．追加実験においては，A_2' と A_3' の間にはほとんど差がなく，偶然変動による範囲内と考えられる．さらに，コストなどの他の条件では，A_2' の方が A_3' よりも好ましいことから，A_1（追加実験では A_2'）を用いる．因子 F：塗型のバインダー添加量は，追加実験の結果より F_1' を用いる．先の実験結果から因子 G：ショットの種類を決める．ショットの種類は，候補が 2 種類しかなく，その 2 種類で大きな差が認められたので，G_2 にする．その他の条件である表面処理剤の塗布回数などは，コストや生産性などをも考慮に入れ決定している．決定した最適条件 $(A_1, B_1, C_1, D_2, F_1', G_2)$ で 20 回の確認実験を行ったところ，平均あらさが約 28（μm）で目標 40（μm）を達成できた．なお標準偏差は，3.58 であり，ばらつきも許容できるレベルにある．

これら一連の実験によって得られた最適条件を品質表へ織り込み，製造部門への情報伝達ツールとしている．小型実験機による今回の取組みを行ったことで，開発実験で成果を収めることができたので，実現性を立証するため実機プラントによる量産実験を行い，早期の実用化を目指していく．

8.5　本事例のポイント

(1)　本事例では，実験計画法を適用する前段階として品質表を作成し，今回の技術開発が製品全体としてどの部分を対象にするのかを明確にしている．これにより，今回の改善効果が製品全体のどの改善になるか，あるいは，改悪になる可能性があるのかが，改善活動の前にわかる．

　　実験により改善を行う際，ある特定の特性の改善を行うことにより製品全体としてどの改善になっているのか，あるいは，どの改悪になる可能性があるのかが不明確になる場合がある．本事例は，それを明確にするための 1 つのアプローチを示している．

(2)　本事例では表面あらさという望小特性を取り上げ，これを小さくする制御因子の水準を見出すべく静特性のパラメータ設計を行っていると見なせる．ここでの誤差因子は測定場所であるので，求めているのは，測定場所によらず表面あらさが好ましいレベルにある制御因子の水準ということになる．その際，内側配置に制御因子を，外側配置に測定場所を割り付け，直積配置による計画を構成している．さらに，望小特性の SN 比を解析用特性とし，制御因子に基づいて分散分析を行い，好ましい条件を見出している．そこでは，制御因子と測定場所の交互作用を積極的に利用して，制御因子の水準を見出すことになる．

(3)　本事例では，SN 比に基づく分散分析を実施した後，測定場所も因子として，応答の分散分析を行っている．そして，測定場所の主効果，交互作用の大きさを検討したうえで，制御因子が応答に与える影響が大きいことを見出している．SN 比を用いると全体的によい条件を見出すのにはよいが，そのメカニズムが不明確になることがある．このような場合には本事例のように，誤差因子などの変動を求めて考察を行うのが一案である．

(4)　本事例では，$L_{16}(2^{15})$ 直交表による一部実施実験の後，2 因子要因計画による実験を行い，2 つの実験結果を考慮して最終的に好ましい条件を導いている．その際，例えば因子 A について共通的な水準を用いるなど，実験間の相互比較をやりやすくしている点が参考になる．

　　また推定を行う際，実験間での変動を考慮し，母平均の推定値の絶対的な大きさでなく，水準間の差（効果）について主に着目している．複数回の実験を行うと，ブロック間変動のような形で実験間の差が生じることが多々ある．このような場合には本事例のように，水準間の差である効果について着目して解析を進めるとよい．

(5) 因子に効果があるかどうかは水準のとり方に依存し，一般に，水準間隔を広くとればとるほど因子の効果は見出しやすい．本事例では，水準間隔のとり方に注意を払いながら検討を進めている．避けるべき思考過程は，ある水準で実験を行い，そのデータ解析の結果として効果がないからといって，その因子そのものが効果がないと早合点してしまうことである．

(6) 本事例では，因子として表面処理剤が浮かびあがり，その水準の候補を列挙したところ，5つとなっている．一般に，5水準の質的因子を，他の因子と同時に実験に取り上げることは困難であり，本事例でもそうである．そこで本事例では，水準を期待効果，実現性，経済性，生産性という基準から総合評価し，最終的に2水準に絞り込んでいる．

　まず，水準の候補を列挙し，それを絞り込むことで効率的な実験を計画している点が興味深い．また，この事例で用いられている評価基準は一般的なものであり，他事例へ展開可能なものである．

Q & A

Q18. 分散分析は，どのような**帰無仮説**について**検定**しているのかを説明してください．

A18. 分散分析は，実験で取り上げた各因子の水準ごとの平均値に差があるかどうかを同時に検定しています．因子の水準ごとの母平均値に差がある場合，その因子は有意になります．検定の方法は，各因子の水準ごとの平均値は同じであるという帰無仮説を立てます．各因子の水準ごとの平均値が同じであれば，総平均と等しくなりますので，各因子の水準ごとの平均値は総平均と同じであるという仮説と考えても構いません．対立仮説は，各因子の水準ごとの平均値の1つ以上が，総平均と等しくないとなります．この仮説を検証するために，実験で得られた応答値から求めた各因子の水準ごとの平均値と総平均値の差（偏差）が，実験間誤差（ばらつき）と同等であるかを判断しています．

（久保田 享）

Q19. 分散分析で F 値を求め，F 分布の両側ではなく上側5%点を用いて検定するのはなぜですか？

A19. 分散分析は，実験で取り上げた各因子の水準ごとの平均値に差があるかどうかを同時に検定するために，偏差の 2 乗（偏差平方）を活用しています．偏差平方は負の値になることはなく，平均値が総平均に比べて大きい場合も小さい場合も偏差平方は大きくなるため，F 分布の両側ではなく上側 5% 点を用いて検定します．総平均より大きいか小さいかを考えず，総平均からの差の絶対値の大きさを判定基準にしています．このため，F 分布の上側 5% 点を用いた片側検定になります． **(久保田 享)**

Q20. タグチメソッドの**パラメータ設計**について，概略を説明してください．また SN 比を用いる理由も説明してください．

A20. タグチメソッドのパラメータ設計とは，環境，使用条件など影響によるばらつきができるだけ生じない頑健な条件を求める方法です．例えばこの事例では，鋳造品の表面あらさが部位 K_1 から K_4 によって異なり，ばらつきが生じてしまいます．そこで，このばらつきができるだけ生じないような，表面処理剤，バックアップ内圧など制御因子の水準を求めています．具体的には，直交表により設定した制御因子の水準組合せごとに，クランクシャフトを作成し，部位 K_1 から K_4 で表面あらさの測定を行っています．つぎにデータ解析に際し，ばらつきが小さいことを表現する指標を設定しています．ばらつきが小さいということは，さまざまな指標で表現可能であり，この事例では全体的に小さく，ばらつきが小さいことが好ましいので，水準組合せ i ごとに

$$-10 \log \frac{1}{4} \sum_{j=1}^{4} y_{ij}^2$$

を求めています．データ解析では，これを小さくする制御因子の条件を求めることで，表面あらさの部位による変動に対して頑健な条件を探索しています．

　このように，タグチメソッドのパラメータ設計では，減らすべきばらつきを外側因子として取り上げ，データを収集します．データ解析の際，ばらつきを何らかの指標で表現する必要があり，**SN 比**はその 1 つのやり方です．この事例では，Signal と Noise の比になっていることは，直接的にはよくわかりません．このための指標に，平均の 2 乗と分散の比を用いることもあり，この場合には平均が signal であり，分散が noise なので SN 比という表現がうまくあてはまると思います．SN 比には，さまざまなものがあります．データ収集，解析の目的に照らし合わせて適切なものを選ぶことが肝要です．

(山田 秀)

9 粉末供給方法の動特性のパラメータ設計による高度化

要旨 自動車部品メーカーにおいては，複雑形状を短い工程で製造でき，材料歩留まりを向上できる利点を活かした**粉末冶金法**における焼結化のニーズが高い．しかし，これに対応するためには，複雑形状の高精度な実現や従来以上の生産性向上が必要不可欠である．

粉末冶金法における焼結は，鉄などの金属材料や微量添加物を混ぜ合わせ，粉末成型後，高温加熱して焼き固めることで，さらに強い金属的な結合にすることをねらいとしている．また生産技術開発の焦点は，第1に粉末を金型内へ一定量充填する給粉装置と，第2にその粉末を圧縮する成型機の開発にある．本章は，新たな給粉方式と独自の生産設備開発により，品質，生産性を高めるべく，粉末成型における粉末供給方法の最適化に，パラメータ設計を適用し新装置の機能性評価に取り組んだ事例である．

読みどころ 動特性のパラメータ設計においては，理想機能をどのように定義するかが解決につなげるための鍵となる．本事例では，粉末成型における充填モデルを作成し，金型寸法と製品寸法が比例するものを理想と定義し，データの収集と解析を行っており，これは他の参考になる．

9.1 新方式給粉装置の概要

9.1.1 新方式の基本的考え方

一般的な従来の給粉装置では，図9.1のように，粉末の入った箱を金型上部で往復運動させ，粉末の自重落下により充填する方法が採用されている．しかし，粉末は液体のような均一な流動性を持たないため充填量にばらつきを生じ，厚肉部と薄肉部の充填密度が不均一になることや，圧縮成型後の変形により製品の寸法がばらつくため，その用途には制約がある．

新方式の考案段階では，粉体工学を研究し，図9.2のように，粉末冶金分野の枠を超えたアプローチでエア加圧式給粉装置を開発している．開発の着眼点はつぎの2点である．

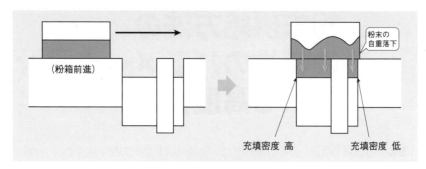

図 9.1　従来の給紛装置

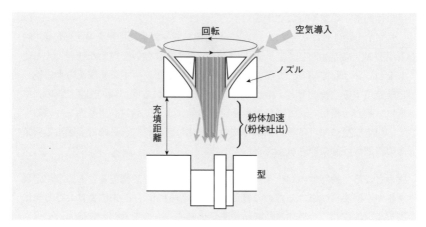

図 9.2　給粉実験装置の概要

(1)　適正な空気量により液体と同じ流動化状態にして，粉末の均一化をはかる．

(2)　粉末を空気の力で加速し強制的に充填する．

また，設備技術開発のポイントはつぎの 2 点である．

(1)　流動化制御技術：空気の流量，圧力に加え，脈動を加えることで流動層を制御する技術

(2)　回転ノズル式吐出技術：粉末の加速により高密度で均一に充填する技術

9.1.2　機能性評価の進め方

　このような新材料をねらった新工法開発に対する従来のアプローチは，開発工法の重要な諸条件を因子として取り上げ変化させ，目的とする密度および諸寸法精度を応答とし，実験計画法を活用する最適条件の設定である．その結果，特定製品の

最適解を求めたとしても，対象製品が変われば再度同様な実験を行っている．今回は，焼結部品の品質と生産性を高める普遍的な粉末成型技術の開発をするため，つぎの3段階により普遍的な生産設備技術の確立をはかる.

- (1)　**新方式給粉装置の機能の評価**

　　　新方式給粉装置が，現有方式に比べてどのくらい優れているかのベンチマークとして機能の優位性評価を実施し，開発の可否判断を行う.

- (2)　**粉末成型における寸法精度評価**

　　　頑健さを確保するための技術の追求を考える.

- (3)　**新方式給粉装置による大物焼結製品の生産性評価**

　　　実生産で，どこまで生産が展開できるのかを検討する.

9.2　新方式給粉装置の動特性のパラメータ設計による優位性評価

9.2.1　評価の考え方

　新方式給粉装置のねらいは，充填密度の均一性である．したがってその基本機能は，「肉厚–充填密度特性」である．この特性は従来，ある程度の肉厚以上になったときに高い**充填密度**が得られることがわかっている．この概要を，図9.3に示す.

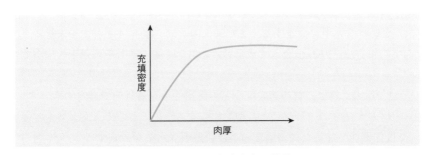

図 9.3　肉厚–充填密度の特性

　しかし，今回の新方式給粉装置のねらいは，さらに薄い肉厚の段階で高い充填密度を得ることにあり，いわゆる肉厚に対する充填密度の垂直立ち上がりを目指している．また，薄い肉厚の範囲では直線的であるという想定の下にこの特性を基本機能と考えることにする．これを図9.4に示す．また，粉末の充填性に強い影響を及ぼす環境湿度を誤差因子に設定し，評価を実施する.

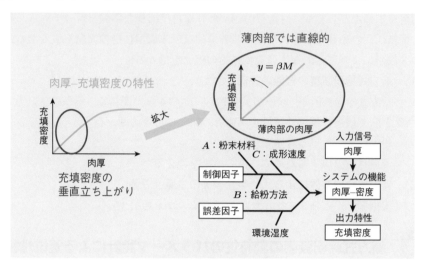

図 9.4　給粉装置の基本機能

9.2.2　実験のためのモデル形状と因子の設定

　実際の製品は複雑な形状のため，評価の容易性を考慮して，単純化したモデル形状を設定する．そのモデル形状をもとに，新考案の給粉方法の優位性を検証する．信号因子は，薄肉部の肉厚とし，その中で $M_{\rho 1}$ を肉厚小，$M_{\rho 2}$ を肉厚中，$M_{\rho 3}$ を肉厚大，という 3 水準に設定する．また制御因子は，因子 A として粉末材料，因子 B として給粉方法，因子 C として成形速度の 3 因子を，それぞれ以下の理由で選定する．

(1)　A：粉末材料は，材料適応度などの汎用性を見る目的で選定する．

(2)　B：給粉方法は，従来型と新型を比較するためのもので，従来型 1 と従来型に攪拌機能を加えた従来型 2 および新型の 3 水準を設定する．

(3)　C：成型速度は，粉末成型条件のうち生産性に関係するため選定する．

　また誤差因子 N は，粉末の充填性に影響する環境湿度を取り上げ，N_1 として乾燥状態，N_2 として湿気のある状態とする．図 9.5 にモデル形状と因子の設定を示す．

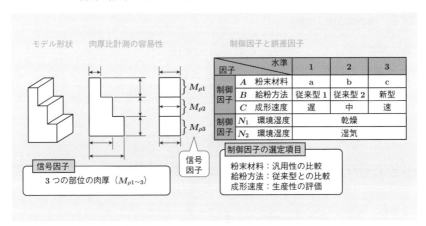

図 9.5　モデル形状と因子の設定

9.2.3　実 験 計 画

　実験回数を減らすために，**制御因子** A, B, C を $L_9(3^4)$ 直交表に割り付けて行う．実験は，充填密度を応答，制御因子を**内側因子**，肉厚を**信号因子**として**誤差因子**とともに**外側配置**に割り付ける**直積配置**とする．解析は，動特性の **SN 比**を用いる．動特性での評価目的は，どの特性がばらつきを少なく，さらにどの特性が鋭敏な応答にできるかの見極めである．また，外側配置では，3 水準の信号因子と 2 水準の誤差因子による実験回数 6 の**要因計画**とする．その結果の一部を**表 9.1** に示す．

表 9.1　実験結果

実験 No.	充填密度					
	$M_{\rho 1}$		$M_{\rho 2}$		$M_{\rho 3}$	
	N_1	N_2	N_1	N_2	N_1	N_2
1	6.72	5.72	6.11	5.64	6.01	5.65
2	6.19	6.00	5.71	5.73	5.73	5.32
3	5.71	5.85	6.03	6.19	6.05	6.32
4	6.77	6.10				
⋮						

出典：福原，花村 (2003) をもとに作成.

9.2.4　解析結果と考察

実験の解析に際しては，次式の動特性の **SN 比**

$$10\log \frac{S_{ri} - V_{ei}}{V_{ei} \sum_j (M_{\rho j} - \overline{M}_\rho)^2}$$

と，感度

$$10\log \frac{S_{ri} - V_{ei}}{\sum_j (M_{\rho j} - \overline{M}_\rho)^2}$$

を用いる．ただし，S_{ri}，V_{ei} は，内側配置の第 i 番目の水準組合せのデータにより応答 y の信号因子 M_ρ に対する回帰式から求めた回帰平方和，残差分散である．

表 9.2 に，求めた SN 比と感度を示す．また，SN 比の分散分析表を表 9.3 に示す．さらに，要因効果図を図 9.6 に示す．SN 比の分散分析表より，因子 B の給粉方法の効果が最も大きく，応答に対する影響が大きいことがわかる．また，SN 比の要因効果図より，従来型より新型のばらつきが小さく，感度の**要因効果図**より，新型の方が鋭敏であることがわかり，充填密度に対する新方式給粉装置の優位性が確認できる．

表 9.2　SN 比と感度

因子 No./列番	A 1	B 2	C 3	密度 SN 比	感度
1	1	1	1	6.93	−0.73
2	1	2	2	9.55	−1.02
3	1	3	3	12.44	−0.66
4	2	1	2	7.55	0.10
5	2	2	3	8.12	−0.03
6	2	3	1	14.29	0.40
7	3	1	3	9.89	0.13
8	3	2	1	10.09	0.06
9	3	3	2	10.52	0.24

出典：福原, 花村 (2003) をもとに作成.

表 9.3　SN 比の分散分析表

要因	S	ϕ	V	F
A	0.427	2	0.214	0.038
B	29.727	2	14.863	2.668
C	2.481	2	1.240	0.223
E（誤差）	11.141	2	5.570	
合計	43.775	8		

出典：福原, 花村 (2003) をもとに作成.

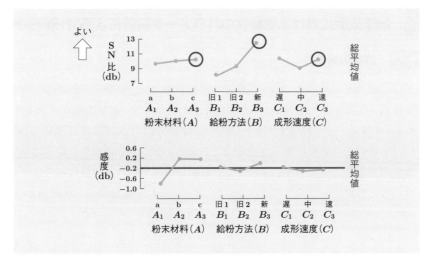

図 9.6 要因効果図

　粉末材料は，SN 比の要因効果図より応答への効果は小さく，新型を適用すれば材料への汎用性も期待できると考えられる．一方，感度の要因効果図より，材料 a に比べ材料 b，c が感度への効果が大きいことがわかる．これより，材料を調整因子として用いる．

　成型速度に対しては，SN 比，感度の要因効果図よりいずれも効果が小さいことがわかる．そこで，生産性に有利な条件を選定することとし，最適条件を A_3，B_3，C_3 に設定する．なお従来条件は A_1，B_1，C_3 である．

　これらの条件の下での SN 比は，A_i，B_j，C_k での SN 比の平均を $\overline{SN}_{A_i}$，$\overline{SN}_{B_j}$，$\overline{SN}_{C_k}$ とするとき，

$$\overline{SN} + (\overline{SN}_{A_i} - \overline{SN}) + (\overline{SN}_{B_j} - \overline{SN}) + (\overline{SN}_{C_k} - \overline{SN})$$

を用いて計算する．なお $\overline{SN}$ は全体の平均である．例えば，従来条件の点推定は，8.05（db）となる．同様に最適条件の点推定を行うと，12.87（db）となる．これらから改善効果を求めると 4.82（db）となる．同様に感度の改善効果は，1.11（db）となる．これらの数値を換算すると，新方式の機能は，従来型より分散で $\frac{1}{3}$ 程度小さく，また30%程度鋭敏であることがわかり，充填密度に対する新方式給粉装置の機能の優位性が具体的な数値で確認できる．

9.3　粉末成型における動特性のパラメータ設計による寸法精度評価

9.3.1　評価の考え方

つぎに，新考案であるエア加圧式給粉装置を含めた粉末成型（圧縮成型）での寸法精度評価を実施する．ここでは転写性の概念を取り入れ，基本機能は，「金型寸法–製品寸法」とする．その概要を図 9.7 に示す．転写性とは，もとの形を別の形へ，できるだけもとの形に忠実に再現させることをあらわす．この再現性が厳密に保たれることを理想機能として，SN 比と感度で評価し検討を行う．金型の場合における転写性の考え方は，もとの型の寸法を信号 M，得られる成型品の寸法を y として，

$$y = \beta M$$

が成立するのが理想であると考えるものであり，そのための条件を追求する．

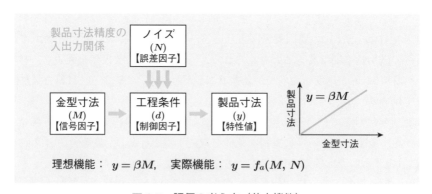

図 9.7　評価の考え方（基本機能）

9.3.2　実験のためのモデル形状と信号因子

新型給粉装置と粉末成型機を用い，テストピースによる実験を行う．因子と水準は，図 9.8 のように設定する．実験のためのモデル形状は，給粉装置の優位性評価で用いた肉厚の変化を見込んだ角形状と，肉厚一定で中空円形状の 2 種類を考える．ここでは，前項と同様の角形状の結果を述べる．そのモデル形状をもとに，各種寸法部位を信号因子とする．

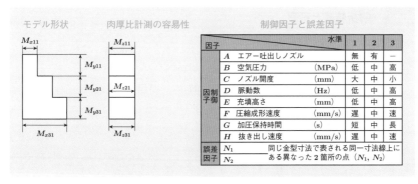

図 9.8 精度評価におけるモデル形状の概要と因子の設定

　つぎに，前述の新方式給粉装置の最適条件下における粉末成型（圧縮成型）における寸法精度評価として，金型の転写性評価を実施する．ここでは，例えば製品寸法に対する金型勾配の修正など，金型の一様性に対する安定性を求めるべく，寸法測定位置を誤差因子に設定し転写性評価を実施する．

9.3.3 実 験 計 画

　今回の評価は，具体的な工程条件を詳細に追求するため，制御因子としてできるだけ多く取り入れて実施したいので，$L_{18}(2^1 3^7)$ 直交表に割り付ける．これを内側配置とする．また，13 水準の金型寸法 $M_{x11}, M_{x21}, \ldots, M_{z31}$ と誤差因子 N_1，N_2による 13×2 の要因計画を外側配置にする．そして，これらの直積配置による実験を行う．実験結果の一部を表 9.4 に示す．

表 9.4 実験結果

実験No.	信号ノイズ	金型寸法（水準数 13）			
		M_{x11} 1.00	M_{x21} 2.50	$\cdots$	M_{z31} 10.69
1	N_1	1.05	2.56	$\cdots$	11.04
	N_2	1.02	2.55		11.02
2	N_1	1.05	2.56	$\cdots$	11.06
	N_2	1.06	2.57		11.04
3	⋮	⋮	⋮	$\cdots$	⋮
⋮					

出典：福原，花村 (2003) をもとに作成.

9.3.4 解析結果と考察

表 9.4 のデータをもとに，SN 比を

$$10 \log \frac{S_{ri} - V_{ei}}{V_{ei} \sum_{jkr} (M_{jkr} - \overline{M})} \tag{9.1}$$

で，また感度を

$$10 \log \frac{S_{ri} - V_{ei}}{\sum_{jkr} (M_{jkr} - \overline{M})} \tag{9.2}$$

で求める．ただし，$j \in \{x, y, z\}$ であり，また $\overline{M} = \sum \frac{M_{jkr}}{13}$ である．データから求めた SN 比と感度を表 9.5 に，SN 比の分散分析結果を表 9.6 に，要因効果図を図 9.9 に示す．

表 9.5 SN 比と感度

因子 No. \ 列番	A 1	B 2	C 3	D 4	F 5	G 6	H 7	J 8	転写性 (db) SN 比	感度
1	1	1	1	1	1	1	1	1	12.28	0.021
2	1	1	2	2	2	2	2	2	12.31	0.018
3	1	1	3	3	3	3	3	3	12.84	0.020
4	1	2	1	1	2	2	3	3	11.99	0.018
5	1	2	2	2	3	3	1	1	12.31	0.019
6	1	2	3	3	1	1	2	2	12.60	0.022
7	1	3	1	2	1	3	2	3	12.90	0.020
8	1	3	2	3	2	1	3	1	12.29	0.020
9	1	3	3	1	3	2	1	2	12.61	0.018
10	2	1	1	3	3	2	2	1	13.23	0.020
11	2	1	2	1	1	3	3	2	12.99	0.015
12	2	1	3	2	2	1	1	3	13.60	0.034
13	2	2	1	2	3	1	3	2	13.43	0.025
14	2	2	2	3	1	2	1	3	16.16	0.034
15	2	2	3	1	2	3	2	1	13.34	0.011
16	2	3	1	3	2	3	1	2	13.20	0.024
17	2	3	2	1	3	1	2	3	13.71	0.023
18	2	3	3	2	1	2	3	1	17.17	0.027

出典：福原，花村 (2003) をもとに作成．

表 9.6　**SN 比の分散分析表**

要因	S	ϕ	V	F
A	11.982	1	11.982	15.236
B	1.794	2	0.897	1.141
C	2.199	2	1.099	1.398
D	2.012	2	1.006	1.279
F	5.118	2	2.559	3.254
G	3.651	2	1.826	2.321
H	0.643	2	0.322	0.409
J	1.619	2	0.810	1.029
E（誤差）	1.573	2	0.786	
合計	30.591	17		

出典：福原，花村 (2003) をもとに作成.

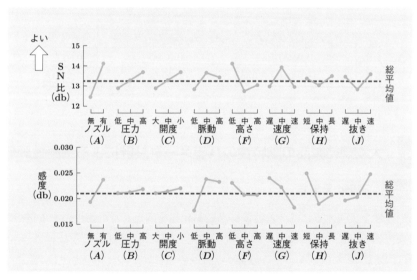

図 9.9　**精度評価の要因効果図**

　SN 比の分散分析表より，A, F, G の因子の効果が大きく，特に因子 A：エア吐出ノズルの効果が大きいことがわかる．これから，開発ポイントである回転ノズル式吐出技術の寸法精度に対する効果が確認できる．また SN 比の分散分析表より，因子 F：充填高さも効果が大きいことがわかる．また，感度の要因効果図より，因子

A 以外に因子 H：加圧保持時間，因子 J：抜き出し速度の効果が大きく，これらの H，J は重要な調整因子であることがわかる．

　最適条件による転写性の効果の推定結果について，表 9.7 に示す．これらは，前節と同様に推定を行ったものである．この表 9.8 より，最適条件の感度については 0.029（db），収縮率 $\beta = 1.0033$ となり，金型寸法 M は目標寸法に対し $\frac{1}{\beta}$ 倍に製作すればよいことがわかる．

表 9.7　効果の推定（SN 比）

	従来条件 $(A_1, B_1, C_1, D_1, H_2)$	最適条件 $(A_2, B_3, C_3, D_2, F_1, G_2)$	改善効果
db	10.91	16.60	5.69

出典：福原，花村（2003）を一部修整．

表 9.8　効果の推定（感度 β）

	従来条件 $(A_1, B_1, C_1, D_1, H_2)$	最適条件 $(A_2, B_3, C_3, D_2, F_1, G_2)$	改善効果
db	0.0120	0.0290	0.017
β	1.0014	1.0033	—

出典：福原，花村（2003）を一部修整．

9.4　大物焼結製品の動特性のパラメータ設計による生産性評価

9.4.1　評価の考え方

　高生産性を実現するには，多種多様な製品仕様を満足した汎用性のある技術確立が必要である．この製品仕様の将来ニーズは，これまで評価してきた厚さ＝薄肉以外に，高さ＝大物があり，このような製品の場合は分あたりの生産数が低下することが懸念される．そこで，生産性向上のための基本機能は，前述の基本機能「肉厚−充填密度特性」に対し，どのような高さでも一定の生産性を確保できることを加え，図 9.10 のとおりに考える．

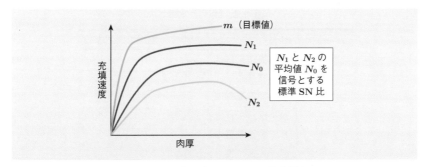

図 9.10　生産性向上のための基本機能

　この評価においては，信号因子 M として肉厚を，応答として充填密度 y を取り上げる．第 j 番目の**外側配置**の信号因子の設定値を M_j とする．また，粉末充填の低い場合を N_1，高い場合を N_2，その平均値を N_0 と設定する．それぞれの応答を y_1，y_2，y_0 として，**標準 SN 比**で評価し，目標値へ合わせる．標準 SN 比とは，基本機能が必ずしも直線関係でないときに，誤差因子の水準設定において標準条件 N_0 を設定し，信号因子の各水準における標準条件での出力値を形式的な信号因子の水準と考えてデータ変換を行い，他の**誤差因子** N_1，N_2 の出力値を解析評価する方法である．

　つぎに，SN 比の解析により頑健な因子の条件を見出す．その後，できるだけ SN 比への効果が小さい因子を利用して，応答が目標値に近付くようにする．その際，制御因子の水準ごとに，2 次項までの感度を求める．この詳細な計算手順は，立林 (2004) を参照されたい．

9.4.2　実験のための信号因子とテストピース

　生産性向上のための設備技術開発として，必要な粉末を必要なだけ充填させ余剰粉末を回収できる粉末制御構造を考案している．制御因子として，この粉末制御構造における構造条件に関する 3 因子，製造条件に関する 5 因子を選び，これを $L_{18}(2^1 3^7)$ 直交表に割り付ける．また，製品の大きさの違いによる充填密度のばらつきをなくしたいため，製品の大きさ ≒ 粉末充填高さ，と考えて誤差因子を粉末充填の高，低とする．表 9.9 に因子と水準を示す．また実験は，図 9.11 に示すテストピースにより実施する．

表 9.9　因子と水準

因子		水準 1	水準 2	水準 3
制御因子	A：構造条件 1	大	小	—
	B：製造条件 1	小	中	大
	C：製造条件 2	速	中	遅
	D：構造条件 2	短	中	長
	F：製造条件 3	小	中	大
	G：製造条件 4	小	中	大
	H：構造条件 3	A	B	C
	J：製造条件 5	速	中	遅
誤差因子	粉末充填高さ	高	低	—

出典：福原, 花村 (2003).

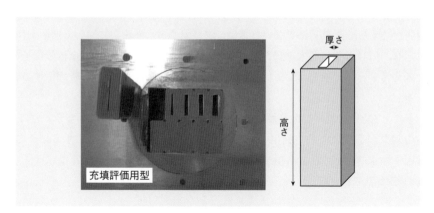

図 9.11　テストピース（写真提供：福原俊之）

9.4.3　解析結果と考察

　テストピースに基づく実験データを解析し，標準 SN 比と感度の 1 次項を β_1，2 次項を β_2 として求める．計算結果を表 9.10 に示す．合わせ込みのための感度の 1 次項 β_1，2 次項 β_2 について，その寄与率を計算した結果，それぞれ 97.6％，0.3％ である．そこで，2 次項を考えず 1 次項のみで合わせ込みを行う．

表 9.10 標準 SN 比と β_1, β_2 の計算結果

No.	SN 比 (db)	β_1	β_2	No.	SN 比 (db)	β_1	β_2
1	18.732	0.817	2.011	10	17.422	0.756	−4.393
2	14.525	0.690	−3.383	11	11.052	0.500	−7.317
3	25.363	0.795	−1.789	12	13.061	0.666	−3.769
4	12.946	0.568	−9.718	13	26.584	1.007	0.024
5	20.186	0.879	−3.016	14	22.837	0.941	5.780
6	10.514	0.536	−1.628	15	14.924	0.719	−2.094
7	28.543	0.946	3.868	16	26.760	0.993	−0.074
8	28.461	1.012	1.126	17	14.872	0.719	−2.783
9	29.336	1.015	−0.275	18	21.701	0.916	3.174

出典：福原, 花村 (2003) をもとに作成.

標準 SN 比の要因効果図を図 9.12 に，また β_1 の要因効果図を図 9.13 に示す．標準 SN 比の要因効果図より，好ましい条件は A_1，B_3，C_1，D_3，F_3，G_3，H_1，J_1 と考えられる．ただしこれらの中で，因子 H，J についてはいくつかの計算の結果，これらを H_1，J_1 から H_3，J_3 に変更した方が応答が目標に近いことがわかったので，これらを条件として採用する．以上のことから，好ましい条件は A_1，B_3，C_1，D_3，F_3，G_3，H_3，J_3 となる．

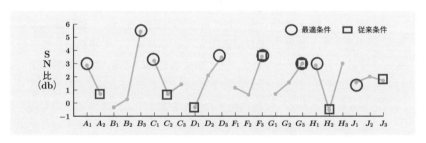

図 9.12 標準 SN 比の要因効果図

最適条件，初期条件について確認実験を行ったところ，再現性は概ねよく，また初期条件に対し SN 比が大幅に改善されている．また図 9.14 のグラフから最適条件では，従来に比べて，小物 (N_1)，大物 (N_2) にかかわらず目標値である標準条件 (N_0) と同等の結果を有していることがわかる．

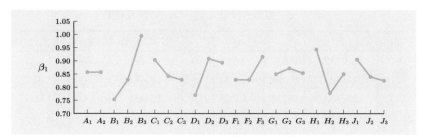

図 9.13　β_1 の要因効果図

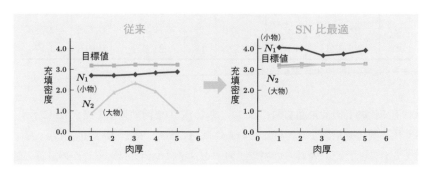

図 9.14　効果の確認

9.5　本事例のポイント

(1)　本事例では，粉末成型工程における粉末供給に対して，動特性によるパラメータ設計により供給方法の最適化を行っている．この事例は，3 つのパラメータ設計から成り立っていて，そのいずれにおいても，応答を目標値に近付けるという調整を直接的にねらうのではなく，信号因子を導入して対象システムの応答が鋭敏なるように制御因子の水準を見出し，システムそのものを改善している．いずれの事例においても，システムの入出力をどのように捉えるか，すなわち，入力，応答，信号因子，制御因子，誤差因子をどのように定義するか，そして，データの解析用特性である SN 比，感度をどのように定義するのかに工夫が見られる．これらは動特性を取り上げたパラメータ設計における最も重要なことであり，本事例は他への参考になると考える．

(2)　現有方式をベンチマークとして取り上げた新方式の機能の評価では，肉厚を信号因子に取り上げ，応答を充填密度とし，給粉機械の条件である粉末材料，給粉方法，成型測度を制御因子として取り上げている．

　　この意図は，肉厚が薄いところでは肉厚と充填密度の関係は線形と見なせ，この線形の出力ができる限り鋭敏な方が給粉方式として好ましい．これらのことから動特性を用いたパラメータ設計を行っている．その際に現有方法を，因子である給粉方法の1つの水準として表現している．これは，現有方法との差を正確に評価するためである．

(3)　粉末成型における寸法精度を向上させた事例においては，粉末成型では金型寸法をそのまま製品寸法として出力するシステムが好ましい．このことから，金型の寸法を信号因子として取り上げ，そして成型後の製品の寸法を応答としている．さらに理想状態との乖離をあらわす SN 比をデータ解析用の特性とし，これが最も好ましくなる，すなわち，どのような金型寸法であっても製品寸法との差が小さい制御因子の水準を見出している．

(4)　新方式給粉装置は，肉薄なものから肉厚なものまで幅広く手がけることが望まれる．その意味で種々の肉厚であっても，応答が理想的な挙動を示すことが好ましい．9.4 節では，肉厚を信号因子として取り上げ，その水準を幅広くとっている．このように肉厚の幅を広げると，肉厚と応答である充填密度の関係が線形式では表現できず，複雑な関数になる．本事例では，この非線形性を考慮した標準 SN 比を用いている．一般に，水準間隔を広げると応答との関係は複雑になる．その点を考慮し，幅広く対応した事例である．

Q & A

Q21. タグチメソッドでは，内側因子と外側因子を導入した直積配置がよく用いられます．それはなぜですか？

A21. タグチメソッドでは，顧客の使用条件，製品生産時のばらつきなど結果に影響を与えるものがある場合に，その影響が出ない頑健（robust）な条件の設定を目指しています．このためには，顧客の使用条件，製品生産時のばらつきなどを誤差因子とし，実験者が水準を決定しうる製品仕様などを制御因子として，誤差因子の水準変動の影響を受けない制御因子の水準を求めます．これは，制御因子の水準によって誤差因子の効果の大きさが変わることを利用しているので，制御因子と誤差因子の交互作用を積極的に利用してることになります．したがって，この交互作用が求められる実験計画を用いる必要があります．内側因子に制御因子を，外側因子

に誤差因子を割り付けた直積配置なら，この交互作用が求められるので，この直積配置が用いられます.

　本章の例では，制御因子は A：エア吐出ノズル，B：空気圧力などであり，誤差因子は金型の同一寸法上であらわされる 2 点の測定位置です. 応答変数の充填密度は，場所によって異なってしまうため，この 2 点の位置を誤差因子として取り上げ，この差が出ないような制御因子の水準を求めるために，直積配置を用いています. さらに，制御因子の水準組合せごとに，誤差因子の水準による応答値のばらつきを SN 比に求めています. 上記の説明は，信号因子を導入した場合についても同様になります.

(山田 秀)

Q22. 動特性を取り上げる場合について，式 (9.1) の SN 比や，式 (9.2) の感度の意味を説明してください. これらの式を見ていても，意味がよく理解できませんでした.

A22. 式 (9.1) の SN 比では，**動特性の SN 比**は，入力に対してどれだけ鋭敏に応答値を出力するかを評価しています. 概念例を図 9.15 に示します. この図の (a) では，入力値が変わるとそれが出力値にほぼ線形で変換されます. 一方，(b) では入力と出力に線形関係は見られますが，誤差があるために必ずしも入力値だけで出力が説明できません. 動特性の SN 比による解析のねらいは，制御因子の水準をうまく選ぶことで (a) のような入出力の関係になるようにすることにあります. そのため，(a) のような場合に SN 比が大きくなり，(b) のような場合に小さくなるように式 (9.1) が定義されています. また，式 (9.2) の感度は，直線の傾きが大きくなるほどその値が大きくなるように定義されています. 傾きを β_1 とすると，その β_1^2 を評価することを意図として定義されています.

(山田 秀)

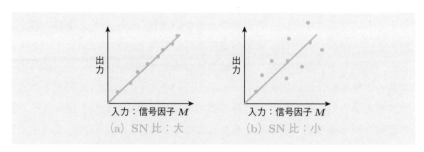

図 9.15　**動特性の SN 比の意図：SN 比が (a) 大きい，(b) 小さい**

10 画像検査システムの標準SN比による安定化

要旨　グローバル化が進む中，生き残るためには競合他社と差別化した商品，技術をいち早く市場投入しシェア拡大をはかることが必要である．欧米では，日本国内とは異なる観点から厳しい目にさらされる可能性もあるため，海外での展開には多側面におけるより一層の品質向上が望まれる．生産技術部門では，不良品をつくらない未然防止技術の開発とともに，不良品を流さないという流出防止技術の開発で品質向上に貢献している．流出防止の面では，製品出荷品質の安定化をねらって，機械による自動検査技術の開発を行っている．中でも，自動車部品は複雑な形状の製品が多いため，製品の鋳巣，割れ，欠け，傷などの外観検査は，人による目視であると見逃しや品質ばらつきなどが発生する可能性がある．そこで，独自の画像検査技術の開発により自動検査装置の導入を進め，不良品の流出防止を目指している．本章はエンジンピストンの外観検査について，パラメータ設計の標準 SN 比を適用し，画像取得の安定化を試みることで，画像検査システムをより強固にした事例である．

読みどころ　標準 SN 比に基づく解析は，計算手順が複雑であり，その意図を見失いがちである．本事例では，誤差因子の水準が変動しても標準 N_0 のときと同じような出力を求めている．そのために，標準 SN 比が用いられていることがわかりやすい．また，制御因子と信号因子がそれぞれ 1 つで，8 水準の誤差因子を導入した基本的な直積配置であり，標準 SN 比の原理の理解に役立つ．

10.1 製品および画像検査システムの概要と技術課題

10.1.1 エンジンピストンの概要と検査対象

　自動車のエンジンには，図 10.1 に示すような円筒形状をしたピストンが使用され，ガソリンなどの燃料の爆発により動力を伝達している．また，**エンジンピストン**は，溶融した金属のアルミニウムを型で鋳造した後，外形などを切削加工して製造する．大きさはエンジンの排気量により多種あり，図 10.1 に示したものはおよそ外径 $\phi 80\,\mathrm{mm}$ でリング溝が 3 本のタイプである．

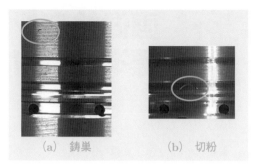

(a)　鋳巣　　　　　　　(b)　切粉

図 10.1　エンジンピストン

（写真提供：株式会社アイシン）

図 10.2　鋳巣とリング溝内の切粉

（写真提供：株式会社アイシン）

　検査は，仕上げ加工後の外周加工面に現れる鋳巣や，加工時に飛散しリング溝に噛み込んだ切粉などの外観不良について行う．このうち，代表的な欠陥である鋳巣や切粉の噛み込み写真を図 10.2 に示す．

10.1.2　画像検査システムの概要

　本事例で取り扱う**画像検査システム**について，その構成や概要を図 10.3 に示す．このシステムでは，検査対象であるピストンを回転させ，白色光の照明で反射した光をカメラで連続撮影し，画像をコンピュータで取得する装置構成になっている．カメラは CMOS モノクロ入力センサ方式で，ピストンを回転させることにより外周面を映像化し，0～255 段階の白黒濃淡値の画像データ（およそ 縦 1500 × 横 6400 画素）にしている．このシステムでは，図 10.4 に示すような展開画像が取得できる．

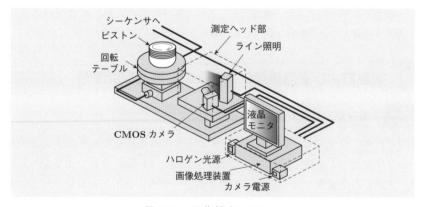

図 10.3　画像検査システム

図 10.4 取得画像データ（展開画像）（写真提供：株式会社アイシン）

10.1.3 画像取得の課題

ピストンの良否判別を，図 10.4 に示す取得画像を使って行う際，ピストン外周面が実際には円形状ではなくわずかに楕円形状である点や，また，筒形状ではなくわずかに樽型形状をしている点を考慮する必要がある．このように複雑な 3 次元曲面形状のピストンに対し，照明をあててカメラで撮像する場合，曲面のわずかな違いにより照明の反射光量が変化し，取得画像の明暗ムラとして現れる．良品と不良品を正しく判別するには，明暗のムラが少なくなるように画像取得を安定化する光学系を考える必要がある．本事例では，種々の環境，使用条件下でも明暗のムラが少ない検査システムの開発を目指す．

10.2 画像取得の安定化をねらいとする標準 SN 比の活用

10.2.1 因子と水準の選定

この検査画像システムにおいて，制御可能な因子はカメラと照明のなす角度であり，これを調整することで，明暗のムラが少ない検査システムの開発を目指す．この概要を，図 10.5 に示す．カメラと照明のなす角度を制御因子 A とし，$A_1, \ldots, A_4$ の 4 水準を取り上げる．これらのうち A_2 が現行条件である．

画像の測定箇所はピストンのさまざまな部位であり，これらのすべてで明暗のムラがないことが求められる．そこで，ピストンの各部位を信号因子 M として取り上げ，表 10.1 に示す 11 水準を設定する．

表 10.1 信号因子の水準

記号	M_1	M_2	M_3	M_4	M_5	M_6	M_7	M_8	M_9	M_{10}	M_{11}
水準	1	2	3	4	5	6	7	8	9	10	11

ピストンを画像検査システムに設置する際，設置位置ズレが生じる可能性がある．

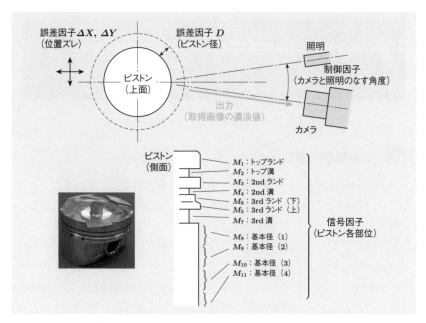

図 10.5　**信号，誤差，制御因子の設定**（写真提供：株式会社アイシン）

画像検査システムの概要を示す図 10.5 からわかるとおり，この位置ズレは，各部位における明暗の色ムラの原因になる．位置ズレなどが存在しても，ピストンの各部位で取得画像の濃淡値がばらつきなく安定していることが望ましい．そこで，濃淡値と信号因子であるピストンの各部位との間に非線形関係を考え，その非線形な関係を利用して，誤差因子の水準変動に対して頑健な制御因子の水準を選択する．誤差因子として，X 方向および Y 方向のピストンの設置位置ズレ値（2 因子）と，製品ばらつきを考えてピストン外径値（1 因子）の併せて 3 因子を選定する．水準値はそれぞれ 2 水準とする．これらの誤差因子が，応答である濃淡値に与える影響がどのようになるのかが明確でないため，誤差因子の調合はしていない．誤差因子の水準として，これらの組み合わせた $2^3 = 8$ 水準を用いる．さらに，標準条件 N_0 は，位置ズレがない基準ピストンとする．これらの水準を，表 11.2 に示す．

表 10.2　**誤差因子の水準**

記号	N_0	N_1	N_2	N_3	N_4	N_5	N_6	N_7	N_8
位置ズレ ΔY	0	-0.1	0.1	-0.1	0.1	-0.1	0.1	-0.1	0.1
位置ズレ ΔX	0	-0.1	-0.1	0.1	0.1	-0.1	-0.1	0.1	0.1
ピストン径 D	基準	小	小	小	小	大	大	大	大

10.2.2 実験の計画と解析の進め方

制御因子 A（4 水準），信号因子 M（11 水準），誤差因子 N（1+8 水準）について，水準設定や測定の容易さから，A を内側因子，M，N を外側因子に割り付けた $4 \times 11 \times 9$ の直積配置とする．また応答として，画像の濃淡値（指数）を取り上げる．誤差因子の水準のうち N_0 は位置ズレがない状態であり，基準となる状態と見なしうる．したがって，N_1 から N_8 のいずれの水準であっても，N_0 のときの値に近いほど誤差因子の影響が少ないこととなり，このような結果を与える制御因子の水準を選ぶのがよい．この概念については，10.4 節の本事例のポイントにある**図 10.7**を参照するとよい．

10.3 最適条件の選定

10.3.1 標準 SN 比による最適条件の計算

実験データを，制御因子の水準ごとに**表 11.3** に示す．解析のねらいは，環境条件が $N_1, \ldots, N_8$ のように変化しても，安定して標準条件 N_0 のときと同じような出力となる制御因子の水準を求めることにある．データ解析には，標準時と同様な出力かをあらわす指標として**標準 SN 比**を用いる．その考え方は，章末の Q23. に対する A23. を参照されたい．

誤差因子が N_0 の場合について，信号因子 $M_1, \ldots, M_{11}$ のときのデータを $x_1, \ldots, x_{11}$ とし，N_i（$i = 1, \ldots, 8$）のときの応答のデータを $y_{1i}, \ldots, y_{11\,i}$ とする．制御因子の水準を固定した下でのデータは，誤差因子 N_i（$i = 1, \ldots, 8$），信号因子 M_j（$j = 1, \ldots, 11$）からなる繰返しのない 2 元配置データ y_{ij} になる．標準 SN 比の計算について，A_1 のデータを例に示す．

$$S_T = \sum_{i=1}^{8} \sum_{j=1}^{11} y_{ij}^2 = 62^2 + 56^2 + \cdots + 64^2 = 1289696$$

$$S_{\beta_1, \ldots, \beta_8} = \frac{\left(\sum_{j=1}^{11} x_j y_{1j}\right)^2}{\sum_{j=1}^{11} x_j^2} + \cdots + \frac{\left(\sum_{j=1}^{11} x_j y_{8j}\right)^2}{\sum_{j=1}^{11} x_j^2} = 1206598.1$$

$$S_e = S_T - S_{\beta_1, \ldots, \beta_8} = 83097.9$$

$$S_\beta = \frac{\left(\sum_{j=1}^{11} x_j y_{1j} + \cdots + \sum_{j=1}^{11} x_j y_{8j}\right)^2}{8 \times \sum_{j=1}^{11} x_j^2} = 1204309.2$$

表 10.3　実験結果

		N_0	N_1	N_2	N_3	N_4	N_5	N_6	N_7	N_8
	M_1	57	62	56	62	55	62	57	61	56
	M_2	129	123	191	123	191	191	191	191	191
	M_3	50	63	55	62	54	63	58	63	57
	M_4	122	131	191	191	191	128	130	129	129
	M_5	182	191	125	191	119	191	191	191	191
A_1	M_6	48	65	57	65	56	64	59	64	58
	M_7	191	191	191	130	191	191	191	191	191
	M_8	56	125	61	125	60	62	59	62	58
	M_9	59	128	62	127	61	64	60	63	59
	M_{10}	63	127	62	127	60	64	60	64	59
	M_{11}	113	126	59	126	59	123	64	123	64
	M_1	43	49	42	49	40	48	43	47	42
	M_2	191	191	191	191	191	191	191	191	191
	M_3	41	49	42	48	41	81	44	49	43
	M_4	185	191	191	191	191	190	191	191	191
	M_5	65	188	73	162	68	191	89	184	82
A_2	M_6	39	86	44	80	42	49	46	49	44
	M_7	191	191	191	191	191	191	191	191	191
	M_8	42	87	44	82	42	49	44	48	43
	M_9	43	87	44	80	41	49	44	48	43
	M_{10}	44	87	44	81	42	82	45	50	44
	M_{11}	47	81	42	74	39	87	48	84	47
	M_1	32	38	25	35	25	40	34	39	32
	M_2	191	191	191	191	191	191	191	191	191
	M_3	33	39	29	36	28	41	34	39	32
	M_4	187	191	191	191	191	191	191	191	191
	M_5	42	78	48	59	46	83	45	81	41
A_3	M_6	30	43	27	39	26	42	34	40	30
	M_7	191	191	191	191	157	191	191	191	191
	M_8	33	40	27	36	25	40	31	38	29
	M_9	32	37	26	34	25	40	33	39	30
	M_{10}	30	39	28	36	26	41	31	38	29
	M_{11}	28	36	25	32	23	43	33	41	30
	M_1	31	40	32	36	29	41	30	35	27
	M_2	191	191	191	191	191	191	191	191	191
	M_3	36	44	33	40	32	44	33	38	31
	M_4	120	191	191	191	191	191	191	191	191
	M_5	40	84	56	64	54	61	44	54	37
A_4	M_6	39	45	36	39	32	42	33	40	31
	M_7	191	191	191	191	191	191	191	191	191
	M_8	36	47	36	42	33	41	30	38	28
	M_9	35	43	31	37	28	41	31	37	28
	M_{10}	30	42	33	38	30	42	32	37	30
	M_{11}	29	39	29	35	27	40	30	35	28

$$S_{\beta \times N} = S_{\beta_1, \ldots, \beta_8} - S_\beta = 2288.8$$

$$V_e = \frac{S_e}{8 \times 11 - 8} = 1038.7$$

$$V'_E = \frac{S_{\beta \times N} + S_e}{8 \times 11 - 1} = 981.5$$

制御因子が A_1 のときの標準 SN 比 $\eta(A_1)$ は，上記をもとに

$$\eta(A_1) = 10 \log \frac{(S_\beta - V_e)}{V'_E}$$

$$= 30.88 \,\text{(db)}$$

となる．これらと同様の方法で求めた標準 SN 比を，表 11.4 に示す．

表 10.4 **標準 SN 比の計算結果**

水準	SN 比 （db）
$\eta(A_1)$	30.88
$\eta(A_2)$	31.29
$\eta(A_3)$	39.96
$\eta(A_4)$	33.27

10.3.2 最適条件

　照明を調節すれば，容易に明るい，暗いという濃淡値レベルを変更できる．したがって，β のみを考慮しこれが大きな制御因子の水準を選ぶよりも，ばらつきも考慮する方が合理的である．そこで，画像取得の安定化のため，標準 SN 比により最適条件を決定する．図 10.6 に標準 SN 比の要因効果図を示す．

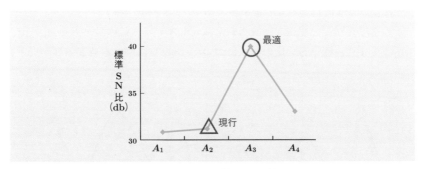

図 10.6 **標準 SN 比の要因効果図**

　この結果より，制御因子 A であるカメラと照明のなす角度について，A_3 のときが取得画像の濃淡値のばらつきが最も少なく安定していることがわかる．また，現行条件 A_2 に対して約 9 db の SN 比の向上が確認できる．これにより，画像取得の安定化が実現でき，ノイズに対して頑健な状態でエンジンピストンの良否判別ができるようになる．実際に今回の成果を判定に導入したところ，判定精度が向上し，不良品の流出防止や生産性向上につなげることができている．

　今回の実験では，1 つの制御因子を取り上げ，信号因子を 11 水準，誤差因子を 8 水準と多めに取り上げ，直積配置による標準 SN 比を用いたことにより，さまざまな条件下でエンジンピストンの取得画像の濃淡値ばらつきが少ない条件を求めている．系統的な実験により，勘，コツにだけに頼ることなく画像取得の安定化が達成できている．

10.4　本事例のポイント

(1)　本事例の自動検査機で取得する画像は，被検査物位置の基準からのズレや被検査物の大きさにより濃淡に差が出てしまい，検査画像としての質が低くなる．この事例では，これらのズレや被検査物の大きさの変動に対して頑健な検査方式を求めている．その際，被検査物位置の基準からのズレがなく，標準的な大きさの被検査物での測定値を標準値とし，その標準値と同じような値になる制御因子の水準を求め，頑健な検査方式を導いている．

(2)　被検査物位置の基準からのズレがなく，標準的な大きさの被検査物での測定値と同じような値になるかどうかについて，標準 SN 比を用いて評価をしている．この考え方は，信号因子を $M_1, \ldots, M_{11}$ と変えたときの，N_0 での応答値を説明変数，N_i での応答値を目的変数として回帰式を求め，その説明力が高いかどうかを評価するというものである．この標準 SN 比を大きくする制御因子の水準を選び，頑健な検査方式を設定している．この考え方を，図 **10.7** に示す．また，標準 SN 比の意味について，Q23. に対する A23. に示す．

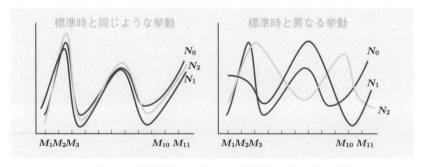

図 **10.7**　どのような信号因子の水準でも標準時と同じような出力になる
　　　　　条件を求める概念図

(3)　本事例では，4 水準の制御因子 A，11 水準の信号因子 M，$1 + 8$ 水準の誤差因子 N を取り上げた直積配置によりデータを収集している．その際，信号

因子としてさまざまなピストン部位を，また，誤差因子として位置ズレや被検査物の大きさを多水準で用いている．このように比較的多めに水準をとることで，多くの条件下でも好ましい測定になる検査方式を実現している．

Q & A

> **Q23.** 標準 SN 比は計算式が複雑でよくわかりません．その概要を説明してください．

A23. 本章の事例では，制御因子の水準を固定した下でのデータは，誤差因子 N_i $(i = 1, \ldots, 8)$，信号因子 M_j $(j = 1, \ldots, 12)$ からなる繰返しのない 2 元配置データ y_{ij} になります．標準 SN 比による解析のねらいは，環境条件が $N_1, \ldots, N_8$ のように変化しても，安定して標準条件 N_0 のときと同じような出力となる制御因子の水準を求めることです．具体的には，信号因子を $M_1, \ldots, M_{11}$ と変化させたときに，$N_1, \ldots, N_8$ のどのような条件下でも，標準条件 N_0 のときの応答値と同じような応答値になる制御因子の水準が好ましくなります．同じような応答値になるかどうかは，信号因子を $M_1, \ldots, M_{11}$ と変えたときの，N_0 での応答値を説明変数，N_i での応答値を目的変数として回帰式を求め，その説明力が高いかどうかにより評価します．

　制御因子の水準を A_i に固定した下でのデータは，信号因子 M，誤差因子 N に基づく繰返しのない 2 元配置データになります．この応答の総変動 S_T を，N_0 のときに信号因子を $M_1, \ldots, M_{11}$ と変化させた値を説明変数データとし，$N_1, \ldots, N_8$ のときの応答値に対してそれぞれ個別の回帰式をあてはめたときの変動の和 $S_{\beta_1, \ldots, \beta_8}$ と，それでは説明できない変動 S_e により

$$S_T = S_{\beta_1, \ldots, \beta_8} + S_e$$

として分解します．さらに $S_{\beta_1, \ldots, \beta_8}$ を，N_0 のときに信号因子を $M_1, \ldots, M_{11}$ と変化させた値を説明変数データとし，$N_1, \ldots, N_8$ のときの応答値に対して，共通の回帰式をあてはめたときの変動を S_β として，

$$S_{\beta_1, \ldots, \beta_8} = S_\beta + S_{\beta \times N}$$

のように分解します．

　以上をまとめると，全体の変動 S_T を

$$S_T = S_\beta + S_{\beta \times N} + S_e$$

として，共通な傾きで説明できる変動 S_β，誤差因子の水準によって傾きが変わる変動 $S_{\beta \times N}$，標準時 N_0 の水準からでは説明できない変動 S_e に分解することになります．

標準時 N_0 の水準からでは説明できない変動 S_e を，その自由度 ϕ_e で除して

$$V_e = \frac{S_e}{\phi_e}$$

とし，また，共通な傾きで説明できない変動をまとめ，それを自由度で除して

$$V'_E = \frac{S_{\beta \times N} + S_e}{\phi'_E}$$

とします．これらをもとに，標準 SN 比を

$$10 \log \frac{(S_\beta - V_e)}{V'_E} \tag{10.1}$$

で求めます．式 (10.1) の分子は，共通の傾きで説明できる変動に対して，他の SN 比でよく用いられている偏りの補正をしていると見なすことができます．分母は，共通の傾きでは説明できない変動です．この標準 SN 比は，共通の傾きで説明できる変動と説明できない変動の比率をもとに計算しています．

本章の事例では，応答である画像の濃淡値は絶対尺度（比率尺度）であり，原点を考慮することに技術上意味があるので，上記の平方和を求める際には偏差の 2 乗和（偏差平方和）ではなく，データの 2 乗和を用いています．また，回帰式を求める際にも，原点を通る回帰式を用いています．

（山田 秀）

Q24. パラメータ設計での**直積配置**において，外側に割り付ける誤差因子を直交表により一部実施実験計画にしてもよいのでしょうか？

A24. 誤差因子を多数取り上げ，それらを直交表に割り付けたものを外側配置にすることは，おすすめできません．あらかじめ，多数の誤差因子からどれを取り上げるのが，目指している頑健性向上によいかを検討し，2, 3 に絞ったうえ，すべての水準組合せからなる要因計画を外側配置とした方がよいでしょう．

直交表による一部実施実験計画は，すべての水準組合せから一部を実施する計画なので，水準組合せで含まれていないものが存在します．例えば，$L_8(2^7)$ ではすべての水準が 1 となる組合せが第 1 行にありますが，すべての水準が 2 となる組合せ

はありません. 多くの場合, 誤差因子は一方の水準が応答を大きく, または小さく, 他方の水準がその逆ということが想定され, これを直積配置の外側に割り付けます. 外側配置に直交表を用いてしまうと, すべての水準が2となる組合せがないため, 極端な組合せの1つが取り上げられないことになります. このような場合には, 応答を大きくする誤差因子の水準と応答を小さくする誤差因子の水準をまとめる**調合**がしばしば行われます. この危険性については, 宮川, 永田 (2022) が論じていますので参照してください.

(山田 秀)

11 ダイヤフラムスプリング荷重精度の標準SN比の活用による向上

要旨　自動車部品業界では，他の多くの業界と同じく製品の小型，低コスト化に加え，グローバル化，環境対応が大きな課題となっている．これらの課題を解決するにあたり，生産技術部門は，開発設計部門とともに，モノづくり技術のレベルアップにより寄与するところが大きい．自動車の燃費向上，コスト低減などに貢献することができる主要部品としてクラッチがある．本事例は，クラッチの構成部品であるクラッチカバーに使われているダイヤフラムスプリングの荷重精度向上にむけて，標準 SN 比などによるパラメータ設計を適用し，生産技術面からばらつき低減を試みた事例である．

読みどころ　本事例で取り上げるスプリングの目標とする荷重値は，信号因子であるたわみ量に応じて与えられていて，それは信号因子に対して非線形な関数である．動特性のパラメータ設計では，信号因子の線形関数で目標が与えられているのに対し，本事例のように信号因子の非線形関数で目標が与えられている場合もある．このために，目標が信号因子の非線形関数となることを考慮した標準 SN 比を用いて解析を行っている．このやり方は，同様な非線形性がある場合の参考となる．

11.1　クラッチカバー用ダイヤフラムスプリングの概要と技術課題

11.1.1　対象製品

エンジンの出力を駆動力に変換する自動車部品として，トランスミッションがある．トランスミッションには，オートマチックトランスミッションとマニュアルトランスミッションがあり，北米や日本では前者が圧倒的なシェアを占めている．しかし，欧州やアジアでは北米や日本に比して，マニュアルトランスミッションのシェアが高い．これは消費者が，利便性より燃費のよさ，製品自体の価格の安さ，運転感のよさなどを選択するためと考えられる．そこで，オートマチックトランスミッションの利便性とマニュアルトランスミッションの燃費のよさ，価格の安さを両立するものとしてオートメーティッドマニュアルトランスミッションを開発し，欧州

から投入をはじめている．これは，従来のマニュアルトランスミッションに，クラッチ操作やシフト操作を自動で行うシステムをアドオンしたものになっている．

マニュアルトランスミッションやオートメーティッドマニュアルトランスミッションを搭載した車両のキーとなる部品として，図 11.1 に概要を示す**クラッチ**がある．中でも，クラッチカバーの荷重特性はマニュアルトランスミッション車両のペダル操作性，オートメーティッドマニュアルトランスミッション車両の制御性にとって決め手となる品質である．

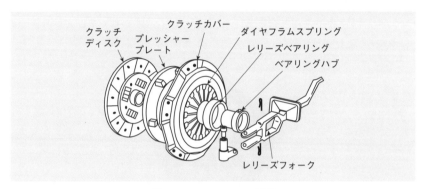

図 11.1　クラッチの構成

11.1.2　クラッチカバー用ダイヤフラムスプリングの技術課題

クラッチは，エンジンの出力を必要に応じトランスミッション以降に伝えたり，切ったりする部品であり，その機構を図 11.2 に簡単に示す．

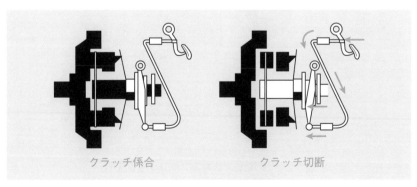

図 11.2　クラッチの機構

　クラッチは，クラッチカバーとクラッチディスクからなっている．クラッチカバーには，クラッチ係合時の荷重を発生させるために，図 11.3 に示す**ダイヤフラムスプリング**と呼ばれる皿ばねが使われている．このダイヤフラムスプリングは，入力であるたわみ量に対し，出力である荷重が非線形な関係であり，量産段階で目標となる荷重に一致するように合わせ込むことが非常に難しく，これまでトライアル&エラーによる合わせ込みに多くの工数がかけられてきている．特に，オートメーティッドマニュアルトランスミッション用ダイヤフラムスプリングは，荷重の規格が厳しく設定されている．そこで，非線形かつ厳しい荷重規格に対応できるダイヤフラムスプリング工程設計が急務と考え，これに取り組む．ダイヤフラムスプリングの生産工程を図 11.4 に示す．

図 11.3　ダイヤフラムスプリング（写真提供：株式会社アイシン）

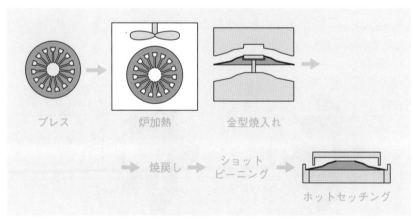

図 11.4　ダイヤフラムスプリング生産工程

11.2 $L_{18}(2^1 3^7)$ 直交表を内側配置とする直積配置の適用

11.2.1 ダイヤフラムスプリングの目標荷重

　ダイヤフラムスプリングがクラッチ部品として有するべき機能として，ダイヤフラムスプリングのたわみ量に対して，目標とする荷重値になることがあげられる．図 11.5 に，ダイヤフラムスプリングのたわみ量（mm）に対する荷重（N）の理想的な変化を示す．この図のとおり，たわみ量が小さいときには小さな荷重で，たわみ量が大きくなるにつれ荷重が大きくなり，たわみ量が一定水準を超えると荷重が徐々に小さくなることが理想的な荷重特性となる．これから，ダイヤフラムスプリングのたわみ量を入力，荷重を出力とした非線形の関係を考え，どのような状況下においてもこの理想的な関係に近くなるような制御因子の条件を見出す．

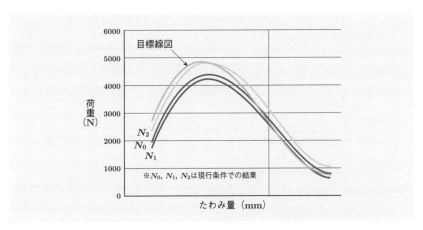

図 11.5　ダイヤフラムスプリング荷重特性

11.2.2 取り上げる因子と配置

信号因子

　ダイヤフラムスプリングのたわみ量（mm）を信号因子 M として取り上げる．その水準は，ダイヤフラムスプリングが網羅すべき全域を分割し，表 11.1 に示す 12 水準を設定する．それぞれの水準における理想的な荷重値（N）について，この表に併せて示す．

表 11.1 信号因子の水準とそれぞれの目標値

水準	M_1	M_2	M_3	M_4	M_5	M_6
たわみ量（mm）	-3.25	-2.75	-2.25	-1.75	-1.65	-1.25
荷重 y（N）	2679	4021	4732	4902	4884	4628
水準	M_7	M_8	M_9	M_{10}	M_{11}	M_{12}
たわみ量（mm）	-0.75	-0.25	0.25	0.75	1.25	1.75
荷重 y（N）	4004	3158	2247	1445	917	760

制御因子と内側配置への割付け

制御因子は，表 11.2 に示すとおり，主に熱処理工程で変更可能な 8 因子を用いる．これらの因子については，2 水準，3 水準のものが混在していて，また実験回数をあまり多くしたくないことから，$L_{18}(2^1 3^7)$ 直交表に割り付ける．割付け結果を表 11.3 に示す．さらに，この表をもとに構成した実験水準一覧を表 11.4 に示す．これらを内側配置として用いる．

表 11.2 制御因子の水準

因子	第 1 水準	第 2 水準	第 3 水準
A：板厚	薄	厚※	—
B：炉内保持時間	短※	中	長
C：成形角度	小	中	大※
D：成形圧力	小	中※	大
F：焼入れ時間	短	中※	長
G：残留応力（ショット回数）	小※	中	大
H：セッチングストローク	大	中※	小
J：セッチング温度	低	中	高※

※：現行水準

誤差因子

ダイヤフラムスプリングは，図 11.4 に示すとおり，金型での焼入れののち焼戻しをする．この焼戻しは高周波加熱で行っていて，温度が標準値になるように操業するものの，コイルの状態などにより温度を厳密に一定の値にすることが困難であり，この温度の変動により荷重がばらつくことが知られている．そこで，焼戻し温度を誤差因子 N として取り上げる．またその水準として，標準条件を N_0，荷重が低くなる条件を N_1，荷重が高くなる条件を N_2 として取り上げる．

表 11.3　L_{18} 直交表への割付け

割付け No.	A [1]	B [2]	C [3]	D [4]	F [5]	G [6]	H [7]	J [8]
1	1	1	1	1	1	1	1	1
2	1	1	2	2	2	2	2	2
3	1	1	3	3	3	3	3	3
4	1	2	1	1	2	2	3	3
5	1	2	2	2	3	3	1	1
6	1	2	3	3	1	1	2	2
7	1	3	1	2	1	3	2	3
8	1	3	2	3	2	1	3	1
9	1	3	3	1	3	2	1	2
10	2	1	1	3	3	2	2	1
11	2	1	2	1	1	3	3	2
12	2	1	3	2	2	1	1	3
13	2	2	1	2	3	1	3	2
14	2	2	2	3	1	2	1	3
15	2	2	3	1	2	3	2	1
16	2	3	1	3	2	3	1	2
17	2	3	2	1	3	1	2	3
18	2	3	3	2	1	2	3	1

表 11.4　実験水準一覧

割付け No.	A [1]	B [2]	C [3]	D [4]	F [5]	G [6]	H [7]	J [8]
1	薄	短	小	小	短	小	大	低
2	薄	短	中	中	中	中	中	中
3	薄	短	大	大	長	大	小	高
4	薄	中	小	小	中	中	小	高
5	薄	中	中	中	長	大	大	低
6	薄	中	大	大	短	小	中	中
7	薄	長	小	中	短	大	中	高
8	薄	長	中	大	中	小	小	低
9	薄	長	大	小	長	中	大	中
10	厚	短	小	大	長	中	中	低
11	厚	短	中	小	短	大	小	中
12	厚	短	大	中	中	小	大	高
13	厚	中	小	中	長	小	中	中
14	厚	中	中	大	短	中	大	高
15	厚	中	大	小	中	大	中	低
16	厚	長	小	大	中	大	大	中
17	厚	長	中	小	長	小	中	高
18	厚	長	大	中	短	中	小	低

これらをもとに，内側配置には L_{18} 直交表に制御因子を割り付け，外側配置には信号因子と誤差因子を組み合わせ，これらの直積配置で実験をする．

11.3　標準 SN 比による実験データの解析

11.3.1　解析の進め方

　実験により得られたデータを表 11.5 に示す．水準組合せ No.1 から 18 のそれぞれにおいて，N_0，N_1，N_2 の下で信号因子を $M_1,\ldots,M_{12}$ と変化させ，荷重を測定している．誤差因子が N_0，N_1，N_2 のどの水準でも，表 11.1 に示す理想的な荷重値に近い制御因子の水準を見出すことがこのデータ解析のねらいである．そのために，第 1 段階として N_0，N_1，N_2 間でばらつきが小さくなるようにし，第 2 段階として理想的な応答に近付く条件を求める．

表 11.5　実験データ

No.	信号水準	M_1 -3.25	M_2 -2.75	M_3 -2.25	M_4 -1.75	M_5 -1.65	M_6 -1.25	M_7 -0.75	M_8 -0.25	M_9 0.25	M_{10} 0.75	M_{11} 1.25	M_{12} 1.75
1	N_0	1990	3290	4080	4400	4410	4290	3850	3160	2380	1600	1030	830
	N_1	1760	3120	3920	4230	4250	4120	3680	3000	2200	1440	870	690
	N_2	2360	3760	4540	4850	4860	4730	4270	3580	2760	1950	1300	1040
2	N_0	2640	3860	4580	4800	4830	4640	4110	3350	2450	1550	870	580
	N_1	2230	3510	4220	4490	4490	4340	3860	3130	2250	1420	750	490
	N_2	2750	4020	4700	4960	4960	4760	4250	3430	2560	1650	940	580
3	N_0	2420	3660	4350	4560	4550	4360	3800	3030	2140	1280	590	320
	N_1	2230	3480	4170	4410	4410	4220	3700	2940	2060	1220	550	320
	N_2	2760	3980	4640	4820	4820	4600	4030	3210	2300	1400	650	330
4	N_0	1250	2660	3560	3960	3990	3950	3580	3000	2300	1630	1150	1050
	N_1	920	2340	3240	3660	3700	3660	3340	2800	2140	1500	1050	1000
	N_2	1100	2460	3340	3760	3790	3760	3440	2890	2220	1590	1150	1080
5	N_0	2860	4100	4750	4940	4930	4710	4140	3350	2400	1500	760	380
	N_1	2580	3800	4460	4670	4660	4470	3910	3140	2200	1300	600	290
	N_2	3340	4510	5160	5320	5310	5100	4500	3670	2700	1750	980	580
6	N_0	3530	4680	5280	5380	5350	5060	4400	3530	2480	1490	640	230
	N_1	3040	4210	4850	5000	5000	4730	4100	3240	2240	1300	530	180
	N_2	3800	4960	5540	5630	5600	5320	4650	3700	2660	1600	750	280
7	N_0	1300	2650	3550	3920	3940	3880	3500	2880	2140	1440	920	790
	N_1	1150	2520	3400	3780	3800	3750	3380	2780	2060	1380	870	750
	N_2	1230	2560	3420	3800	3840	3780	3440	2830	2140	1440	950	820
8	N_0	3100	4330	5010	5220	5210	5000	4480	3700	2780	1880	1120	780
	N_1	2850	4060	4750	4970	4970	4800	4260	3500	2610	1720	1020	720
	N_2	3500	4670	5340	5520	5510	5290	4730	3930	2980	1970	1220	810
9	N_0	3500	4610	5220	5310	5280	4980	4310	3380	2300	1250	450	60
	N_1	3160	4350	4950	5080	5060	4760	4100	3200	2180	1200	420	80
	N_2	3900	5010	5580	5660	5620	5290	4580	3620	2540	1460	580	100
10	N_0	2060	3440	4290	4630	4650	4540	4130	3490	2760	2070	1600	1530
	N_1	1760	3160	4000	4350	4370	4280	3880	3320	2590	1920	1480	1460
	N_2	2380	3760	4580	4890	4900	4790	4360	3700	2960	2240	1740	1640
11	N_0	2550	3860	4600	4840	4840	4670	4170	3430	2580	1760	1180	1040
	N_1	2330	3600	4360	4610	4620	4450	3950	3270	2440	1660	1120	1030
	N_2	3160	4410	5100	5300	5290	5070	4530	3740	2840	2020	1480	1180
12	N_0	2920	4110	4740	4860	4820	4550	3890	3000	2050	1080	460	270
	N_1	2380	3580	4240	4380	4400	4140	3520	2720	1800	950	310	200
	N_2	3080	4240	4860	4980	4950	4660	4030	3120	2140	1160	510	290
13	N_0	2020	3440	4270	4630	4650	4550	4140	3510	2760	2080	1620	1570
	N_1	1710	3140	4000	4370	4390	4310	3920	3300	2600	1960	1540	1540
	N_2	2160	3580	4430	4780	4800	4700	4280	3620	2900	2190	1720	1650
14	N_0	2190	3480	4180	4410	4430	4240	3740	2980	2080	1250	660	520
	N_1	1820	3080	3800	4060	4050	3890	3400	2660	1840	1090	560	490
	N_2	2260	3510	4200	4440	4440	4250	3740	3000	2130	1320	760	630
15	N_0	3460	4630	5220	5290	5290	4960	4240	3340	2320	1350	690	460
	N_1	3300	4460	5080	5170	5140	4820	4140	3260	2260	1350	680	480
	N_2	3950	5090	5640	5710	5660	5320	4580	3650	2580	1580	840	540
16	N_0	1920	3200	4010	4330	4360	4240	3810	3160	2370	1650	1110	1000
	N_1	1650	2940	3750	4060	4090	3990	3570	2930	2170	1450	930	850
	N_2	2120	3440	4200	4520	4520	4420	3980	3330	2560	1800	1250	1120
17	N_0	2200	3480	4250	4510	4520	4360	3870	3150	2340	1550	1010	900
	N_1	2050	3400	4140	4410	4410	4260	3780	3080	2260	1510	1000	910
	N_2	2240	3580	4320	4580	4580	4430	3920	3220	2400	1640	1080	970
18	N_0	3800	4940	5510	5580	5550	5240	4530	3650	2620	1650	980	720
	N_1	3540	4690	5300	5400	5380	5060	4420	3560	2560	1620	930	710
	N_2	4410	5540	6080	6120	6080	5720	5000	4020	2930	1920	1150	800

第 1 段階では，図 11.6 に基づく考え方で標準 SN 比を算出する．この図のとおり，N_0 での荷重を説明変数，N_1，N_2 での荷重を目的変数とする回帰を考え，標準 SN 比を求める．**標準 SN 比**の計算について，水準組合せ No.1 のデータを例に示す．またこの計算の意味は，10.4 節 (1)，Q23. に対する A23. を参考されたい．

$$S_T = \sum_{i=1}^{2} \sum_{j=1}^{11} y_{ij}^2 = 1760^2 + 3120^2 + \cdots + 1040^2$$

$$= 266892000$$

$$S_{\beta_1, \beta_2} = \frac{\left(\sum_{j=1}^{11} x_j y_{1j}\right)^2}{\sum_{j=1}^{11} x_j^2} + \frac{\left(\sum_{j=1}^{11} x_j y_{2j}\right)^2}{\sum_{j=1}^{11} x_j^2} = 266720468.4$$

$$S_e = S_T - S_{\beta_1, \beta_2} = 266892000 - 266720468.4 = 171531.6$$

$$S_\beta = \frac{\left(\sum_{j=1}^{11} x_j y_{1j} + \sum_{j=1}^{11} x_j y_{2j}\right)^2}{2 \times \sum_{j=1}^{11} x_j^2} = 264959272$$

$$S_{\beta \times N} = S_{\beta_1, \beta_2} - S_\beta = 1761196.4$$

$$V_e = \frac{S_e}{2 \times 11 - 2} = 7796.89$$

$$V_E' = \frac{S_{\beta \times N} + S_e}{2 \times 11 - 1} = 84031.65$$

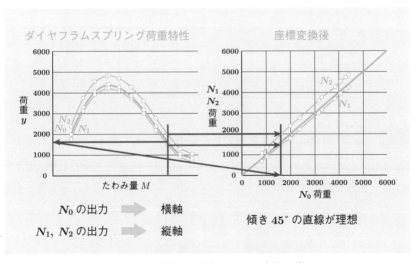

図 11.6 標準 SN 比における座標変換

水準組合せ No.1 の標準 SN 比は，上記をもとに

$$10 \log \frac{(S_\beta - V_e)}{V_E'} = 34.99 \, (\text{db})$$

となる．これらと同様の方法で求めた標準 SN 比を，表 11.6 に示す．

表 11.6　実験水準一覧

割付け No.	A [1]	B [2]	C [3]	D [4]	F [5]	G [6]	H [7]	J [8]	標準 SN 比 η (db)
1	1	1	1	1	1	1	1	1	34.99
2	1	1	2	2	2	2	2	2	38.45
3	1	1	3	3	3	3	3	3	39.04
4	1	2	1	1	2	2	3	3	44.20
5	1	2	2	2	3	3	1	1	35.50
6	1	2	3	3	1	1	2	2	36.66
7	1	3	1	2	1	3	2	3	50.50
8	1	3	2	3	2	1	3	1	38.00
9	1	3	3	1	3	2	1	2	37.52
10	2	1	1	3	3	2	1	3	37.02
11	2	1	2	1	1	3	3	2	35.35
12	2	1	3	2	2	1	1	3	36.26
13	2	2	1	2	3	1	3	2	39.30
14	2	2	2	3	1	2	1	3	38.50
15	2	2	3	1	2	3	2	1	38.34
16	2	3	1	3	2	2	3	1	37.29
17	2	3	2	1	3	1	2	3	45.94
18	2	3	3	2	1	2	3	1	36.59

11.3.2　標準 SN 比に基づくばらつきの低減

　標準 SN 比を用いて計算した要因効果について，図 11.7 に示す．基準となる現行条件は以下のとおりである．

$$A_2, B_1, C_3, D_2, F_2, G_1, H_2, J_3$$

制御因子のうち，B：炉内保持時間，C：成形角度，H：セッチングストローク，J：セッチング温度が荷重ばらつきに対して大きな効果がある．標準 SN 比を最大にす

る条件として

$$A_1, B_3, C_1, D_2, F_3, G_3, H_2, J_3$$

を選定する.

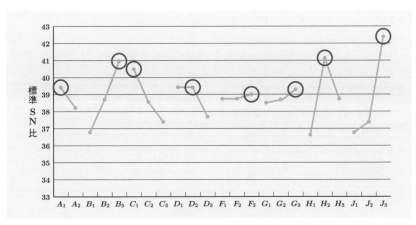

図 11.7 標準 SN 比の要因効果図

11.3.3 目標へのチューニング

目標値との乖離状況

標準 SN 比を最大化する条件に固定し,誤差因子を変化させたときの結果を図 11.8 に示す.この図から,誤差因子の水準を変化させたときのばらつきは小さくなっているが,目標線からの乖離があることがわかる.そこで,目標へのチューニングを試みる.

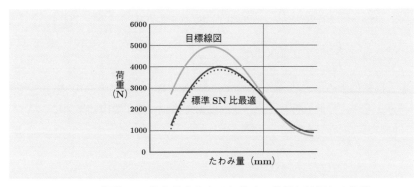

図 11.8 標準 SN 比を最大化する条件時の荷重と目標との比較

直交展開に基づく 1 次, 2 次効果の推定

　目標線図へのチューニングに用いる制御因子を決定するため, 直交展開を利用して出力が目標に近付く制御因子の水準を求める. これには, 目標の荷重を x_i：説明変数とし, N_0 時の荷重を y_i：目的変数（$i = 1, \ldots, 12$）とし, 切片項がない 2 次の回帰式

$$y_i = \beta_1 x_i + \beta_2 \left(x_i^2 - \frac{K_3}{K_2} x_i \right) + \varepsilon_i$$

を考える. ただし, $K_2 = \sum_{i=1}^{12} x_i^2$, $K_3 = \sum_{i=1}^{12} x_i^3$ である. この式は 2 次の回帰式であり, $\frac{K_3}{K_2} M_i$ による右辺第 2 項の補正は, β_1 と β_2 の最小 2 乗法による推定量 $\widehat{\beta}_1$ と $\widehat{\beta}_2$ が直交するように用いられている.

　収集されているデータから $\widehat{\beta}_1$, $\widehat{\beta}_2$ を求める方法について, 水準組合せ No.1 を例に以下に示す.

$$L_1 = 2679 \times 1990 + \cdots + 760 \times 830$$

$$r_1 = 2679^2 + \cdots + 760^2$$

$$\widehat{\beta}_1 = \frac{L_1}{r_1} = 0.9055$$

$$K_2 = \frac{1}{12}(2679^2 + \cdots + 760^2) = 12466604.4$$

$$K_3 = \frac{1}{12}(2679^3 + \cdots + 760^3) = 52906298939.0$$

$$L_2 = \left(2679^2 - \frac{K_3}{K_2} \times 2679 \right) \times 1990$$

$$+ \cdots + \left(760^2 - \frac{K_3}{K_2} \times 760 \right) \times 830$$

$$r_2 = \left(2679^2 - \frac{K_3}{K_2} \times 2679 \right)^2 + \cdots + \left(760^2 - \frac{K_3}{K_2} \times 760 \right)^2$$

$$\widehat{\beta}_2 = \frac{L_2}{r_2} = -0.0000291$$

　上記と同様に求めた $\widehat{\beta}_1$, $\widehat{\beta}_2$ について, 表 11.7 に示す. これらの $\widehat{\beta}_1$, $\widehat{\beta}_2$ を解析用の特性として, 分散分析を行い, 要因効果を推定する. 要因効果図について, $\widehat{\beta}_1$ を図 11.9 に, $\widehat{\beta}_2$ を図 11.10 に示す.

表 11.7 水準組合せごとの効果の推定値 $\hat{\beta}_1$, $\hat{\beta}_2$

割付け No.	A [1]	B [2]	C [3]	D [4]	F [5]	G [6]	H [7]	J [8]	$\hat{\beta}_1$	$\hat{\beta}_2$ $(\times 10^5)$
1	1	1	1	1	1	1	1	1	0.90547	−2.9104
2	1	1	2	2	2	2	2	2	0.99518	−1.7710
3	1	1	3	3	3	3	3	3	0.92757	1.6437
4	1	2	1	1	2	2	3	3	0.81053	−3.5988
5	1	2	2	2	3	3	1	1	1.01885	−0.5208
6	1	2	3	3	1	1	2	2	1.11252	0.2155
7	1	3	1	2	1	3	2	3	0.79409	−1.1720
8	1	3	2	3	2	1	3	1	1.09494	−5.1795
9	1	3	3	1	3	2	1	2	1.08853	2.7672
10	2	1	1	3	3	2	2	1	0.97226	−8.7789
11	2	1	2	1	1	3	3	2	1.00828	−4.6954
12	2	1	3	2	2	1	1	3	0.98292	3.6957
13	2	2	1	2	3	1	3	2	0.97234	−8.9089
14	2	2	2	3	1	2	1	3	0.89828	1.2321
15	2	2	3	1	2	3	2	1	1.08945	0.9897
16	2	3	1	3	2	3	1	2	0.89473	−3.8628
17	2	3	2	1	3	1	2	3	0.92855	−2.5215
18	2	3	3	2	1	2	3	1	1.16451	−2.7962

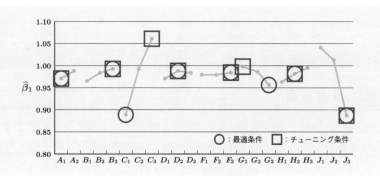

図 11.9 $\hat{\beta}_1$ の要因効果図

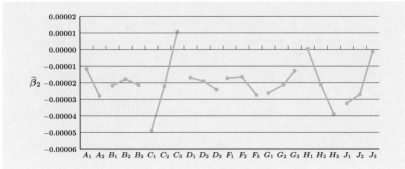

図 11.10　$\widehat{\beta}_2$ の要因効果図

目標値への合わせ込み

　まず，2 次の効果である $\widehat{\beta}_2$ に着目すると，これらが 2 次の係数である点を考慮しても値が小さいために今回は無視する．そこで，$\widehat{\beta}_1$ を 1 に近付ける条件をチューニング条件，すなわち，図 11.9 をもとに，$\widehat{\beta}_1$ が 1 に近付くように，因子の水準を選択する．図 11.9 の要因効果図において，因子 C：成形角度，J：セッチング温度，G：残留応力，H：セッチングストロークが $\widehat{\beta}_1$ への効果が大きい．これらのうち，J：セッチング温度，H：セッチングストローク，C：成形角度の順で標準 SN 比への効果が大きく，一方，G：残留応力は標準 SN 比への効果が小さい．そこで，まず，G：残留応力を目標に合わせ込むための因子とする．この因子だけでは合わせ込みが不十分になるので，標準 SN 比が若干悪化するものの C：成形角度も調整因子として用いる．これらをもとに，合わせ込み後の条件を下記とする．

$$A_1, B_3, C_3, D_2, F_3, G_1, H_2, J_3$$

11.4　再現性評価とまとめ

11.4.1　評　価　結　果

　合わせ込み後の条件での荷重特性は，図 11.11 のようになる．これと標準 SN 比を最大化する条件での荷重特性である図 11.8 とを比較すると，明らかに目標値に近付いていて，また誤差因子による変動も多少は大きくなっているものの許容できる．

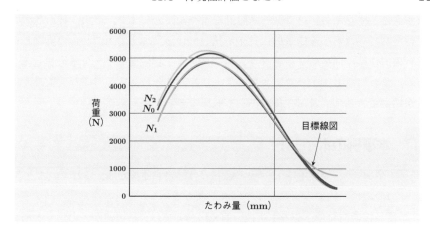

図 11.11 合わせ込み後の条件での荷重特性

　標準 SN 比を最大化する条件，合わせ込み後の条件，現行条件について，推定効果と確認実験の結果を 表 11.8 に示す．利得の再現性に関して，標準 SN 比を最大化する条件では推定値が 9.52 に対して実験値が 14.47 であり，この比率は 152% である．一方，合わせ込み後の条件で同様の計算をすると 41% であり，再現性は必ずしも十分でない．これには，取り上げた制御因子の主効果のみであらわせない変動要因があると推測される．この探求については今後の課題である．このように再現性は十分ではないものの，標準 SN 比に基づく解析や $\widehat{\beta_1}$，$\widehat{\beta_2}$ に基づく解析により，解析前より目標値に近付いている条件は確実に得られている．

表 11.8 推定された効果と確認実験の結果

条件	標準 SN 比（db）		利得（db）		傾き $\widehat{\beta_1}$	
	推定	確認	推定	確認	推定	確認
標準 SN 比最大化	50.33	51.26	9.52	14.47	0.79	0.80
合わせ込み後	46.37	39.06	5.56	2.27	1.00	1.07
現行	40.81	36.79	—	—	0.99	1.07

11.4.2 ま と め

　今回の実験により，ダイヤフラムスプリングの荷重ばらつきに影響を及ぼす因子を明確化している．また，荷重を目標に合わせ込むための調整因子も明確にし，それにより目標値に近付けている．このような成果面に加えて，視覚化という点でも

価値がある．すなわち，パラメータ設計を用いたことにより，従来，技術者の頭の中で行われていたものを定量的に見える化している．加えて，これらの実験とデータ解析の方法は，同種のダイヤフラムスプリング工程設計のうえで参考になるものである．これにより，トライアル&エラーで荷重を合わせ込んでいた工数の大幅な低減が期待できる他，量産化後の不良も低減できると考える．

11.5　本事例のポイント

(1)　本事例では，入力信号に対する応答の目標値が曲線で与えられているときに，その曲線に一致する制御条件の水準を求めている．近年の複雑化，高精度化した製品技術開発や，その生産技術開発においては，目標値が入力信号と簡単な関係ではなく，このように曲線で与えられている場合も多々ある．このような場合には，技術的知見で目標値に近い出力が得られる場合もあるが，一向にうまくいかず迷路に入り込む場合もある．記述的知見でうまくいかない場合には，体系的にデータを収集し，新たな着眼点を得て，それに基づく解析をしてみるとよい．本事例は，体系的に取り組むという点で参考になる事例である．

(2)　入力信号に対する目標値が曲線で与えられたときに，誤差因子の水準にかかわらず目標値と一致する制御因子の水準を求めるために，本事例では，第 1 段階として誤差因子の水準変動に対して頑健である，すなわち，ばらつきの少ない条件を標準 SN 比による解析で求めている．誤差因子の変動に対して頑健になった下で，第 2 段階では，目標値と出力値ができるだけ近い制御因子の水準を求めている．このために，目標値を説明変数，応答値を目的変数として，原点を通る 2 次の回帰式をあてはめ，これをもとに目標値への合わせ込みをしている．ばらつきを小さくしたうえで，目標値に合わせるというのは，静特性のパラメータ設計をはじめしばしば用いられるアプローチであり，本事例でもそれを用いている．

(3)　本事例では，解析結果として導かれた目標値に近いと思われる条件をもとに，再現性の確認実験をしている．この確認実験は，実際的に大きな意義がある．すなわち，再現性を評価することで原因と結果に関する因果の把握状況が評価できる．再現性があるということは，原因と結果の因果が正確につかめたことになり，今後はデータ解析結果に基づき種々の技術開発が可能である．一方，再現性が乏しいということは，再現性を確認した水準の結果については活用できるが，その周辺の結果の予測力は乏しい．本事例では，現行条件よりも

目標値に近い条件が求められているものの，再現性の点では必ずしも十分でなく，再現性を検討することで因果をより詳細に求めるとよい.

Q & A

> **Q25.** タグチメソッドのパラメータ設計では，分散分析表が示されていない事例をよく見ますがなぜですか？

A25. タグチメソッドのパラメータ設計では，効果の大きい因子を目視で判断し，分散分析で有意な因子を抽出することはあまりしません. その理由は，以下の2点です.

(1) 分散分析を知らない技術者でもパラメータ設計ができるようにする.

(2) 設計段階では仮に有意でないパラメータの値をどの値に設定しても，コストアップすることが少ない.

効果がある因子と判断するのに，田口は「実験した制御因子のうち，半分の因子を効果があるとし，半分の因子を効果がないとする」ガイドを示しています. また，主要な誤差を誤差因子として取り上げていることも検定を軽視する理由です. パラメータ設計の実験では，水準を与えるという形で誤差因子を固定しています. このため，パラメータ設計の実験での主要な誤差は，パラメータ（制御因子）間の交互作用になると思われます.

制御因子間の交互作用の確認なら，検定を用いるよりは，確認実験で工程平均の推定値が再現するかどうかを見る方がよいという田口の考え方が紹介されています（立林 (2004)）.

（澤田昌志, 角谷幹彦）

> **Q26.** $L_{18}(2^1 3^7)$ 直交表と，$L_8(2^7)$，$L_{16}(2^7)$ など2のべき乗直交表との性質の違い，使い分けのポイントを教えてください.

A26. 性質の違いとして大きなものは，主効果と交互作用の交絡状態です. $L_8(2^7)$，$L_{16}(2^{15})$ など実験回数が2のべき乗の直交表では，割り付けた因子の主効果どうしは直交するものの，因子の主効果と2因子交互作用は直交するか完全交絡するかのいずれかとなります. このような性質を持つ計画を，**レギュラー計画**と呼びます. 例えば，因子 A の主効果と因子 B，C の交互作用 $B \times C$ は直交するか完全に交絡するかのいずれかとなります.

　これに対して，$L_{18}(2^1 3^7)$ 直交表では，割り付けた因子の主効果どうしが直交する点では同じですが，因子の主効果と 2 因子交互作用が部分的に交絡する点が異なります．このように，交互作用が分散して交絡する計画を，**ノンレギュラー計画**と呼びます．この部分的な交絡により，交互作用が主効果の列に分散して現れます．

　応答の平均値を複数の制御因子で一定の目標値に調節するような場合には，制御因子の交互作用を積極的に活用するのが望ましいので，$L_{16}(2^{15})$ 直交表などで考慮すべき交互作用を考えながら割り付けるとよいでしょう．これに対し，パラメータ設計で制御因子間の交互作用を積極的に求める必要がない場合には，交互作用が複数の列に分散して現れる $L_{18}(2^1 3^7)$ 直交表などのノンレギュラー計画を活用するとよいでしょう．

(山田 秀)

12 適応制御かしめ加工の動特性パラメータ設計による開発

要旨 市場競争力を維持し続けるために，製品設計面の VA（Value Analysis，価値分析），省資源活動によるコストダウンの継続的な推進は不可欠である．この活動から生まれた原価低減案の実現は，生産技術部門の工法開発が支えるものも多い．本事例では，製品設計の VA に基づく省資源のための工法として，適応制御（フィードフォワード制御）かしめ加工を開発して，数百万円/月のコストダウン効果を達成している．

読みどころ 本事例では，1 セットの実験データの収集と解析で結論を導くのではなく，PDPC 法，要因系統図で技術開発の筋道を明らかにしたうえで，管理図，回帰分析を活用し，さらに動特性のパラメータ設計を用いて加工システムを開発している．すなわち，種々の有効な手法をうまく組み合わせ，技術開発に結び付けている点が他への参考になる．

12.1 製品概要と省資源の方針

12.1.1 自動車エンジン用スタータと衝撃吸収機構

自動車エンジンを始動する遊星ギヤ減速方式のスタータは，衝撃吸収機構を有する．衝撃吸収機構は，エンジン始動時にスタータの駆動系がエンジン側から受ける過大な衝撃を吸収し，破損を防止する重要な機能部品である．本機構を有することで，駆動系の応力は過大衝撃応力を除いた常用応力となり，自動車部品の小型軽量化に大きく寄与する．この概要を図 12.1 に示す．

衝撃吸収機構は，ケース内に 5 点の要素部品を組み付けた構造の摩擦クラッチ方式である．常用では，回転ディスクと固定ディスク間の摩擦トルクにより回転ディスクは滑らず駆動トルクを伝達し，過大衝撃を受けると回転ディスクは滑り衝撃を吸収する．したがって，回転ディスクの滑りトルクは本機構の最も重要な特性である．衝撃吸収機構の概要を，図 12.2 に示す．この滑りトルクは，固定ディスクと回転ディスク間の接触荷重と摩擦係数にて生じ，接触荷重は固定ディスクを押圧する

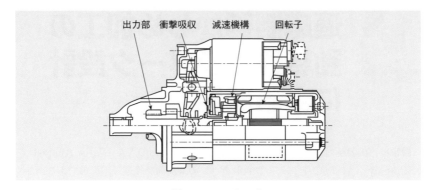

図 12.1 スタータ

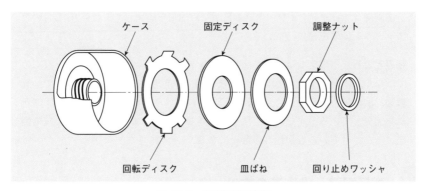

図 12.2 衝撃吸収機構

皿ばねの荷重にて付加される.

12.1.2 現状の工程

　衝撃吸収機構の組付け工程では，構成部品を組付け後に回転ディスクを滑らせ，その滑りトルクを計測しながら調整ナットを締め付けるフィードバック制御にて滑りトルクを確保している．つまり，調整ナットの締め付け加減により皿ばねの押圧力を調節し所定の滑りトルクを得ている．さらに回り止めワッシャを組み付け，市場での調整ナットの緩み防止をはかっている．組付けの概略を，図 12.3 に示す．また，以下に工程の概要を順を追って示す．

(1) ケースに，回転ディスク，固定ディスク，皿ばねを組み付ける．

(2) 調整ナットを仮締めする．

(3) 調整ナットを本締めする．その際，滑りトルクを計測し，フィードバック制

御を行う.

(4)　回り止めワッシャを組み付ける.

(5)　回り止めワッシャをかしめ固定する.

(6)　滑りトルクを検査する.

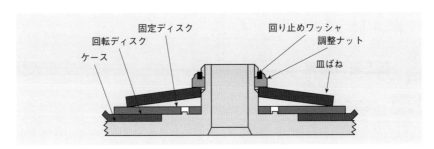

図 12.3　組付け略図

12.1.3　製品設計の VA, 省資源案

　製品別コストダウン活動により, 本スタータ固有の衝撃吸収機構に対して, ねじ組付け部品を廃止する設計案が出されている. 現在, 調整用ボルトを用いてねじ締付けで皿ばねを締付け固定している構造に対して, 提案ではケース円筒部のかしめ加工にて皿ばねを固定する構造である. この概略を, 図 12.4 に示す. これにより調整ナット, 回り止めワッシャの 2 部品が廃止され, また, ケース円筒部の雄ねじ

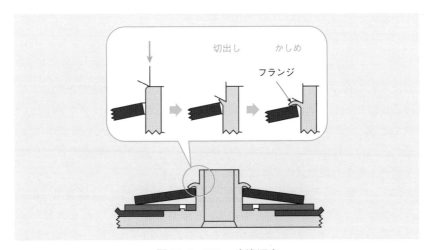

図 12.4　**VA**, 省資源案

切りも不用となる．かしめでは，ケース円筒部外周を切り出してフランジを形成し，形成したフランジで皿ばねを固定するシンプルな構造となる．

廃止部品は 2 点である．また，工程は前述の (2)〜(5) の 4 工程が 1 工程に短縮できる．本案の効果を試算すると，数百万円/月となり，かしめ工程の新規投資は十分な合理化投資と期待される．設計案実現に向かって，生産技術部門は現状の品質レベルを満足する新工法開発に着手する．

12.2 新工法の開発

12.2.1 要因の検討

衝撃吸収機構の組付け特性は，回転ディスクの滑りトルク［規格 $T\pm13\%$（Nm）］であり，T を滑りトルク，μ を摩擦係数，P を押圧力，R を荷重点半径とすると，

$$T = \mu PR \tag{12.1}$$

であらわされる．この概要を，図 12.5 に示す．

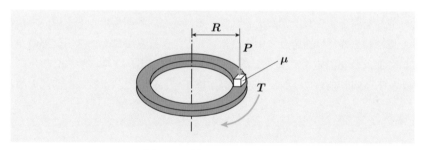

図 12.5 滑りトルクの概要

この滑りトルクの要因を，製品図から洗い出すために要因系統図を作成する．この要因系統図を，図 12.6 に示す．この要因系統図で，1 次要因は構成部品および加工条件であり，2 次要因は製品図面や工程管理標準に記載されている管理項目である．それぞれの管理項目には許容範囲が規定されているので，管理項目ごとのばらつきを滑りトルクの理論式にて算出する．

例えば，1 次要因「皿ばね」の 2 次要因「荷重」の規格は，目標値 W に対して25%の幅を設け［$W \pm 25\%$（N）］である．この荷重は，押圧力 P を支配する．したがって式 (12.1) より，P が 25% 変化すると T も 25% 変化し，それによる滑りトルクのばらつきは ±25% となる．

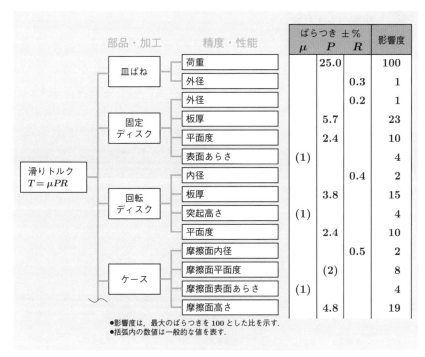

図 12.6　要因系統図

　このように，洗い出したすべての 2 次要因について，理論式の μ，P，R のいずれに影響し，滑りトルクでのばらつき幅がいくらになるかを算出し要因系統図にまとめる．なお μ の要因は，規定されている物理量から μ への変換が不明であったので，一般的な値を括弧でくくる．

　2 次要因のうち，ばらつき幅が最大なのは，押圧力 $P \pm 25\%$ の荷重である．これを滑りトルクのばらつきに対する影響度が 100 であるものとし，他をその比で比較する．要因系統図より，押圧力 P のばらつきが主で，特に皿ばねの荷重の影響が大きいことがわかる．現状では，この荷重のばらつきを調整ナットの締め付け具合で安定させていることが事前に漠然と判明していたが，本検討によりそれがより詳細に確認できている．

12.2.2　開発のシナリオ

　衝撃吸収機構の特性（滑りトルク）を満足するかしめ加工の実現に向けて，新工法開発をどのような過程で研究を進めるか，その概要を示すために PDPC（Process Decision Program Chart，過程決定計画図）を作成する．この結果を図 12.7 に示す．本事例でのかしめ加工のように，切除加工と塑性加工の複合加工は有限要素法などによるコンピュータシミュレーションは困難である．そこでまずは，いくつか試作加工を行うことで，どのようなかしめ形状になるかを検討する．すると，期待していたとおりのかしめ形状が得られ，かしめ部分の強度も満足していることが確認された．さらに，20 の試作品を作成して滑りトルクを計測すると，$T\pm13\%$を満足していることが確認できた．

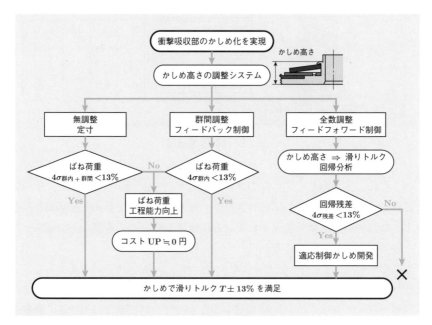

図 12.7　活動の PDPC

　これより PDPC の楽観ルートは，かしめ高さ無調整であるが，前述のように現行工程では，皿ばねの押圧力をフィードバック制御することで所定の摩擦トルクを得ていることから，量産段階で滑りトルクが不満足となる事態も当然予測される．そこで，複数のかしめ高さの調整システムを検討する．

　要因系統図で滑りトルクのばらつき最大要因は，皿ばねのばね荷重であったので，検討するかしめ高さの調整システムは，皿ばねの管理状態に応じたつぎの 3 システ

ムとする.

(1) **無調整（定寸）**

これは，試作品と同じ楽観ルートである．この場合，ばね荷重の変動は小さく，日常的にかしめ高さを調整しない．

(2) **群間調整（フィードバック制御）**

皿ばねの製造ロットを群として，皿ばねの群間変動をかしめ高さで吸収する．群内変動は小さいが，素材，段取り調整などの群間変動は大きい場合を想定している．

(3) **全数調整（フィードフォワード制御）**

皿ばねの製造ロットを群として，群内変動が大きく，個々の皿ばねのばね荷重のばらつきをかしめ高さで吸収する．

設備投資は (1) < (2) < (3) の順に大規模となるので，作成した PDPC に従ってシステムを選択する．

12.2.3 皿ばねの管理状態の解析によるシステム選択

過去 1 年間の皿ばねの出荷検査データを入手し，ばね荷重（N）の工程能力調査を実施する．検査のサンプリングは 4 個/ロットで，データの一部を表 12.1 に，全データのヒストグラムを図 12.8 に，$\overline{X}$–R 管理図を図 12.9 に示す．

表 12.1 ばね荷重の出荷検査データ（単位：N）

No.	X_1	X_2	X_3	X_4	$\overline{X}$	R
1	374	391	409	406	395.0	35
2	373	378	392	362	376.3	30
3	374	390	375	405	386.0	31
4	365	392	368	374	374.8	27
5	395	393	367	350	376.3	45
6	376	367	375	378	374.0	11
7	365	388	360	382	373.8	28
⋮	⋮	⋮	⋮	⋮	⋮	⋮
63	367	356	377	371	367.8	21
64	388	366	366	335	363.8	53
65	377	404	371	348	375.0	56
平均					374.6	35.9

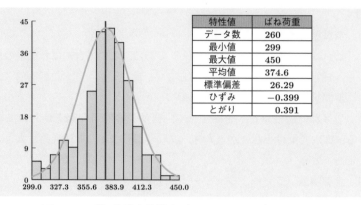

図 12.8　ばね荷重出荷検査データのヒストグラム

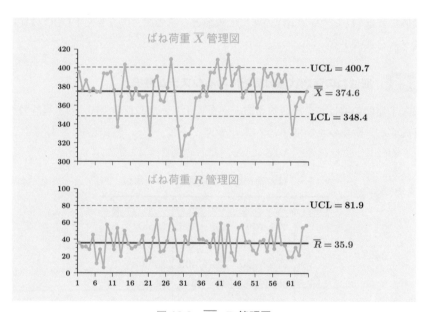

図 12.9　$\overline{X}$–R 管理図

$\overline{X}$ 管理図より，群間変動は安定状態とはいえず，全体のヒストグラムより標準偏差 $s = 26.29$ とばらついている．その結果，

$$\frac{4\sigma_{群内+群間}}{\overline{\overline{X}}} = \frac{4 \times 26.29}{374.6} = 0.28 \gg 0.13$$

となり，式 (12.1) にて P のばらつきがすでに ±28% であるから滑りトルク T は目標の ±13% を満足しない．現状の皿ばね管理能力では，かしめ高さ調整方法として，

何も調整しないという無調整を工程で用いると，規格を満足することができないことがわかる.

　R 管理図は，群内変動は管理状態であることを示している. このデータを用いて群内変動を推定し，工程で用いることを考えると

$$\frac{4\sigma_{群内}}{\overline{\overline{X}}} = \frac{4\overline{R}/d_2}{\overline{\overline{X}}} = \frac{4 \times 35.9/2.059}{374.6} = 0.19 > 0.13$$

となる. すなわち，無調整と同様にかしめ高さの調整方法である群間調整も目標を満足してはいない. なお，ばね荷重の工程能力は現状で規格を満足しており，現状以上に工程能力を大幅に向上するには，皿ばねの素材安定と高精度加工が必要となり皿ばねのコストアップが不可避である.

　以上の検討結果より，かしめ高さ調整方法は無調整および群間調整を断念し，つぎに，ばねの荷重に応じてかしめ高さを調整する適応制御かしめの可能性を検討する.

12.3 　適応制御かしめの可能性検討

12.3.1 　可能性検討実験の計画

　適応制御は，かしめ高さを制御して滑りトルクを安定させるのであるから，かしめ高さと滑りトルクの相関が強い場合に可能となる. そこで現状工程でつぎの実験を行い，適応制御の可能性を検討する.

　現状工程は滑りトルクの値を測定し，それに応じて調整ナットを締め付け，所定の滑りトルクを得ている. したがって，理論上は滑りトルクの設定値を変えれば滑りトルクに応じた**ばね高さ**になっている. これはかしめ加工の場合，かしめ高さを調整してばね高さを変えれば滑りトルクが調整できることに相当する.

　この妥当性を検討するために現状工程にて，**表 12.2** に示すとおり，滑りトルクの設定値を変えた実験加工を行い，加工された**図 12.10** に示すばね高さを調査し，**表 12.3** に示す実験データを得た. ただしデータは指数化してある.

表 12.2　因子と水準（繰返し $r = 4$）

	水準 1	水準 2	水準 3	水準 4
トルク設定値（Nm）	M_1	M_2	M_3	M_4

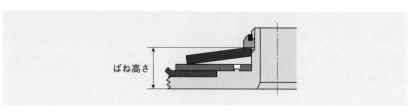

図 12.10　ばね高さ

表 12.3　実験データ

No.	トルク設定値 (N·m)	x ばね高さ (mm)	y 滑りトルク (N·m)
1	M_1	7.76	0.60
2	M_1	7.71	0.63
3	M_1	7.72	0.61
4	M_1	7.71	0.63
5	M_2	7.50	0.75
6	M_2	7.55	0.79
7	M_2	7.55	0.77
8	M_2	7.49	0.77
9	M_3	6.97	0.95
10	M_3	7.19	0.96
11	M_3	7.12	0.94
12	M_3	7.25	0.94
13	M_4	6.84	1.12
14	M_4	6.89	1.12
15	M_4	6.84	1.13
16	M_4	6.84	1.09

注：データは指数化してある.

12.3.2　データ解析

　実験の範囲でばね高さと滑りトルクの散布図を描き，1 次モデルにより y と x の関係を求めると

$$\widehat{\mu}(x) = 4.77 - 0.535x$$

が得られる．その回帰式の p 値は 0.001 より小さく，回帰による変動は高度に有意であり，実験範囲では 1 次式で十分と見なしうる．散布図を図 12.11 に示す.

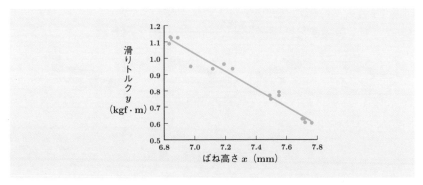

図 12.11 滑りトルクとばね高さの散布図（縦軸単位変更）

実測値 y_i と回帰式による予測値 $\widehat{\mu}(x_i)$ の差（残差 e_i）

$$e_i = y_i - \widehat{\mu}(x_i)$$

を全サンプルについて計算し，残差標準偏差を求めると，$\sqrt{V_e} = 0.039$ となる．以上の結果から，全数調整によるかしめ高さ調整方法の可能性を検討すると，滑りトルクのばらつきは，

$$\frac{4\sqrt{V_e}}{\overline{y}} = \frac{4 \times 0.039}{0.862} = 0.18 > 0.13$$

となり，今回の実験では目標 ±13% は未達成となる．しかし，今回の実験の滑りトルクのばらつきには，式 (12.1) のばね荷重そのもののばらつきを含んでおり，それを考慮すれば全数調整でも対応できると考えられる．なおこの前提には，今回の実験の滑りトルクのばらつき ≒ ばね荷重のばらつきがある．

12.4 適応制御かしめ加工開発実験の計画

12.4.1 適応制御方法の概要

現状工程の実験にて，かしめ高さ調整方法として全数調整の可能性が確認できたので，適応制御かしめ加工の開発に着手する．工法は図 12.12 に示すように，組み付けるばねの荷重をあらかじめ測定し，その荷重に適応した高さにかしめ，かしめ後のばねの押圧力を一定にすることにより，滑りトルクのばらつきを抑える構想である．このような制御は，加工前に制御するのであるからフィードフォワード制御である．

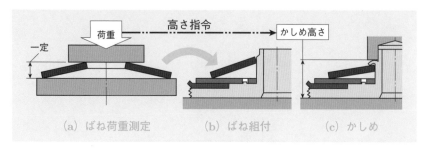

図 12.12　適応制御の構想

12.4.2　基本機能と実験装置

従来，新規工法を開発する場合には，

(1)　テスト機を製作する．ただし，ワークの自動投入取り出し以外は，量産設備とほぼ同等の設備とする．

(2)　テスト機の試験流動時の工程能力調査を行う．これに基づいて，投資決定を行う．

(3)　量産機を製作する．

(4)　設備完成時の工程能力調査を行う．この後，初期流動，流動と進む．

という手順が一般である．そのため，テスト機製作の費用（数百万円）と期間（6ヶ月）を要していた．今回，適応制御かしめの基本機能を有する簡易実験装置を考案し，その機能性をパラメータ設計により評価することで，工法開発のスピードアップと開発費用の低減を試みる．図 12.13 の簡易実験装置は，市販のプレス用門型に可動側にかしめ用パンチ，固定側にワークを受ける治具を取り付けた簡単な装置で，かしめ高さは任意に変更できる構造である．

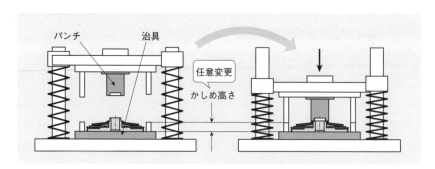

図 12.13　簡易実験装置

この実験装置にて，ばね荷重を一定値に選別した皿ばねを組み付け，かしめ高さを信号因子 M（mm），かしめ後の滑りトルクを y（Nm）とすると，基本機能はつぎの式となる.

$$y = \beta_0 + \beta_1(M - \overline{M})$$

この式は図 12.14 に示すとおり，適応制御システムのパラメータを設定することにより，信号因子 M と応答 y の関係がより理想関係に近付くことをあらわす.

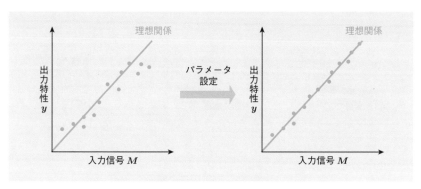

図 12.14　適応制御かしめの基本機能のイメージ

12.4.3　パラメータ設計の概要

工法開発後，工機部門に量産設備の設計仕様を提示することになる．このため実験の制御因子は，基本機能に影響すると考えられる設計仕様を取り上げる．具体的には，取り上げた因子はつぎに示すようにそれぞれの固有技術面の主要設計パラメータである.

A：受け治具　負荷面を限定するための逃がしを設ける治具設計

B：潤滑　加工摩擦を低減するため潤滑を付与するプレス技術

C：フランジ径　接合部の製品設計

D：パンチ角度　複合加工（切出し＋かしめ）の工具設計

12.4.4　因子と水準の設定

制御因子の水準を表 12.4 に，略図を図 12.15 に示す．　また信号因子として，図 12.13 に示す簡易実験装置のかしめ高さを取り上げる．これらの水準は，表 12.5 に示すとおりの間隔に設定する.

表 12.4　因子と水準

因子	水準 1	水準 2
A：受け治具	逃がしあり	フラット
B：潤滑	グリス塗布	なし
C：フランジ径	大	小
D：パンチ角度	θ_1	θ_2

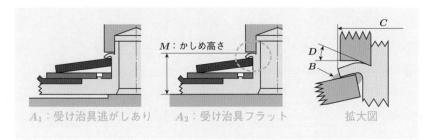

図 12.15　制御因子の略図

表 12.5　信号因子

	M_1	M_2	M_3	M_4
M：かしめ高さ（mm）	H	$H-0.2$	$H-0.4$	$H-0.6$

　適応制御かしめでは，組み付ける皿ばねの荷重に適応してかしめ高さを制御する．したがって，図 12.6 要因系統図の皿ばねの荷重以外の要因はすべて誤差となる．パラメータ設計においては，これら誤差となる要因を誤差因子として取り上げ，誤差因子が多い場合は調合した水準を作ることがよいといわれる．しかしながら本事例の場合，そのように調合したテストピースを用意することは困難である．そこで，構成部品（ケース，回転ディスク，固定ディスク，皿ばね）を無作為組付けとし，繰返し $r_0 = 2$ を誤差とする．なお，ケースは流動品から抜き取り，かしめ用に一部の形状を変更し，皿ばねは前述のようにばね荷重を一定値に固定するために流動品を選別使用する．また，回転ディスクと固定ディスクは流動品を使用する．

12.4.5　割付け

　因子は，A，B，C，D の 4 因子である．従来の固有技術的知見から影響が大きいと考えられる A，B，C の 3 因子は，交互作用も考えられることから，$A \times B$，$A \times C$，$B \times C$ も割り付ける 2 水準直交表による計画とする．この場合の自由度は，因子 A から D について 4，交互作用について 3 であり，合計 7 であるから $L_8(2^7)$ 直交表へ割り付けることにする．線点図を用いて，これらの割付けを求める．その結果を，表 12.6 に示す．

表 12.6　割付け

因子	A	B	$A \times B$	C	$A \times C$	$B \times C$	D	滑りトルク (誤差因子：繰返し $r_0 = 2$)								動特性 SN 比 (db)
								M_1		M_2		M_3		M_4		
No.	1	2	3	4	5	6	7	N_1	N_2	N_1	N_2	N_1	N_2	N_1	N_2	
1	1	1	1	1	1	1	1									
2	1	1	1	2	2	2	2									
⋮			⋮								8 個					
8	2	2	2	2	2	2	2									

　表 12.6 の直交表を**内側配置**とし，信号因子 M の各水準 M_1，M_2，M_3，M_4 で，2 台を繰返し加工する．したがって各処理では，8 台の部品が無作為に組み付けられ，この 8 台の部品を無作為に組み付けることで，誤差因子に対応させる．

12.5　実験データの解析

12.5.1　実験データの概要と解析用特性

　割付けに従ってテスト品を製作し，滑りトルクを測定する．そのデータを表 12.7 に示す．解析に先立ち，データをグラフ化し検討する．データをグラフ化したものを，図 12.16 に示す．この図において，8 回の実験データのばらつきは信号因子 M の水準で明らかに異なり，M_1，M_2 は M_3，M_4 より大きくばらつく傾向にある．特に M_1 の No.6 の 2 個中 1 個は，他から大きく外れている．そこで，このサンプルを詳細に観察したが異常は見られず，異常であるとは判断せずそのまま解析する．また，全体の傾向としては 2 次傾向を示すことがわかる．

表 12.7　滑りトルク（**N·m**）

No.	M_1		M_2		M_3		M_4	
	N_1	N_2	N_1	N_2	N_1	N_2	N_1	N_2
1	2.73	2.68	2.98	3.01	3.25	3.25	3.53	3.45
2	2.47	2.60	2.84	2.86	3.11	3.11	3.29	3.22
3	2.66	2.66	2.66	2.93	3.33	3.20	3.49	3.56
4	2.64	2.36	3.05	2.93	3.35	3.39	3.65	3.60
5	3.13	3.15	3.26	3.25	3.33	3.31	3.38	3.30
6	1.63	2.31	2.79	2.70	3.32	3.19	3.51	3.39
7	3.19	3.02	3.41	3.34	3.36	3.61	3.46	3.46
8	3.04	3.15	3.36	3.18	3.33	3.14	3.47	3.27

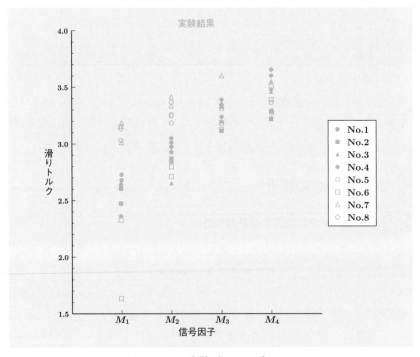

図 12.16　実験データのグラフ

動特性の SN 比について，回帰による平方和 S_r，残差分散 V_e などをもとに

$$\text{SN 比} = 10\log\frac{(S_r - V_e)}{2V_e\sum_{j=1}^{4}\left(M_j - \overline{M}\right)^2}$$

で求める.

12.5.2 効果の検討

実験データから求めた動特性の SN 比について，各要因の効果を図 12.17 に示す.因子 D については主効果のみを，他の因子は交互作用も割り付けているので，これらの交互作用が表現できるように要因効果図を示す.この図において，×印は個々の実験での SN 比で，水準平均を線で結び水準間の効果をあらわしている.それぞれの効果のグラフからつぎのような考察を得る.

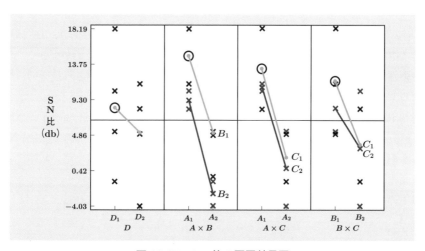

図 12.17 　SN 比の要因効果図

第 1 水準と第 2 水準の差は要因の主効果であるから，A の主効果，つぎに B の主効果が大きく，C と D の主効果は他に比べて小さい.交互作用については，例えば $A \times B$ の場合，B の水準ごとの A の効果の違いであり，B_1 と B_2 がほぼ平行であるから交互作用 $A \times B$ はほとんどない.また，$A \times C$，$B \times C$ も同様である.SN 比は大きい方がよいから，図中に○印で示した D_1，A_1B_1，A_1C_1，B_1C_1 がよい.

つぎに，動特性の SN 比の分散分析表を表 12.8 に示す.分散 V は，A の主効果が特に大きく，B，D と続く.分散 V の小さな $A \times C$，$A \times B$，$B \times C$，C を誤差と見なして誤差項にプールして作成した分散分析表を表 12.9 に示す.

表 12.8　分散分析表（プーリング前）

要因	S	ϕ	V
A	228.274	1	228.274
B	85.718	1	85.718
C	6.789	1	6.789
D	19.775	1	19.775
$A \times B$	2.398	1	2.398
$A \times C$	0.452	1	0.452
$B \times C$	4.134	1	4.134
合計	347.540	7	

表 12.9　分散分析表（プーリング後）

要因	S	ϕ	V	F
A	227.140	1	227.140	66.193
B	84.705	1	84.705	24.685
D	18.724	1	18.724	5.456
誤差	13.726	4	3.431	
合計	344.295	7		

12.5.3　最適条件と工程平均の推定

　図 12.17 より，最適条件は $A_1 B_1$ となる．A_1 は受け治具逃がしあり，B_1 は潤滑グリス塗布である．これは，かしめ加工応力によるケースの塑性変形が小さく，ケースの弾性変形を阻害せず，皿ばねの弾性が有効に機能したと解釈され技術的に納得できる．

　当初 PDPC の楽観ルートの根拠となったかしめ高さ無調整の試作品（$n = 20$ 個）で，滑りトルク規格 $T \pm 13\%$ を満足していたことは，塑性変形が大きく発生し弾性変形を阻害していたため，直線的なばね作用が機能していなかった悪い状態（いわゆる頭打ち状態）であったといえる．

　以上の結果より，最適条件での工程平均はつぎのように推定される．

$$\widehat{\mu}(A_1 B_1) = \overline{y}_{A_1} + \overline{y}_{B_1} - \overline{y}$$
$$= 12.01 + 9.94 - 6.68$$
$$= 15.27 \,(\mathrm{db})$$

これをもとの単位に戻すと

$$\widehat{\mu} = 10^{1.527} = 33.65 \,(真数) \tag{12.2}$$

となる．

　滑りトルクは望目特性であり，工程平均は調整により目標値に合わせることは可能である．ここでは，ばらつきが問題であるので，最適条件での信号因子の間隔 h' と動特性の SN 比を用いて工程能力を推定する．実験時のデータで最適条件 $A_1 B_1$（実験 No.1，No.2）の散布図を図 12.18 に示す．

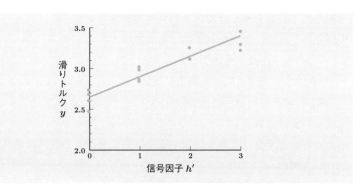

図 12.18 最適条件での散布図

このデータの回帰分析により求めた回帰式は,

$$\widehat{\mu}(x) = 2.65 + 0.25x$$

である.これより,信号因子の1単位の間隔は $h' = 0.25$(Nm)と推定する.1次式$(y = \alpha + \beta M)$の SN 比は,

$$\frac{\beta^2}{\sigma^2}$$

である.したがって,最適条件での SN 比での工程平均をあらわす式 (12.2) と,β $(= h')$ を求めたので,回帰の残差 σ^2 はつぎのように求められる.

$$\sigma^2 = \frac{\beta^2}{\eta} = \frac{h'^2}{\widehat{\mu}(A_1 B_1)} = \frac{0.25^2}{33.65} = 1.857 \times 10^{-3}$$

以上より,$A_1 B_1$ の最適条件下での工程能力の評価は

$$\widehat{C}_p = \frac{公差}{6\sigma} = \frac{2 \times 3.02 \times 0.13}{6\sqrt{1.857 \times 10^{-3}}} = 3.04$$

となり,工程能力指数の判定基準 $C_p > 1.33$ を大幅に上回り,十分に規格を満足する工程能力が得られた.

12.5.4 事例のまとめ

大幅なコストダウンが期待される製品設計の VA,省資源案の実現を目指す新工法開発において,要因系統図,PDPC にて研究の道筋を明らかにし,管理図,回帰分析を活用し加工システムを選択した.そして,加工システムの開発では,動特性のパラメータ設計を活用することにより,加工の基本機能を有する簡易実験装置に

て，量産での工程能力を十分満足する設備設計仕様を明らかにした．

　本事例で得た技術的知見を以下にまとめる．

(1)　かしめ加工法は，適応制御かしめとする．

　　組み付ける皿ばねのばね荷重に適応してかしめ高さを制御する．

(2)　適応制御かしめ加工の主要設計パラメータはつぎの2点である．

　　(a)　**受け治具**

　　　　負荷を受ける面を限定する受け面に逃がしを設けた治具設計．

　　(b)　**潤滑**

　　　　加工摩擦を低減するため潤滑を付与するプレス技術．

　　これにより，かしめ加工時のケースの塑性変形を抑制し弾性変形を阻害しないため「皿ばねの弾性が有効に機能した」．

(3)　適応制御かしめ加工の工程能力は，規格を十分満足する．

　この結果から，設計の VA，省資源案に対応する新工法は実現可能と判断し，特許も取得し，量産設備の投資が決定された．量産機の設置・稼動後，工程能力の確認結果も良好であり，これにより数百万円/月と大きなコストダウン効果を達成している．

12.6　本事例のポイント

(1)　本事例では，生産技術段階におけるコストダウンを取り上げている．すなわち，従来ねじ止めされていたものを，かしめ加工に切り替えることで，部品，工数の削減に取り組んでいる．かしめ加工を用いるというアイデア自体は，技術的知見からもたらされている．ここでの実験計画法を中核としたアプローチの意義は，かしめ加工方法が実工程で適用可能なのか，定量的に評価し，そのうえで最適な条件を求めることである．

　　この種の問題は，従来工程，製品をコスト，工数などの理由で変更するときによく現れる．このような場合には，変更後の工程，製品の機能が確保されるのか，また，どのように最適化を行うのかが問題となり，本事例はその1つのアプローチを示している．

(2)　従来のねじ止めをかしめ加工にする場合に，最も簡単に進められる無調整法，群ごとに調整をする群間調整法，全数調整法というように，数段階の方法をあらかじめ想定し，それに基づいて改善を行っている．このシナリオ作成は，PDPC 法により行っている．このように，うまくいく場合，いかない場

合を事前にリストアップすることで，開発時間の精度のよい見積もりを可能としている．また，どの調整法を用いるのかなどについては，管理図の情報を積極的に用いるなど，データ解析に基づくアプローチを採用することで，科学的に取り組んでいる．

　以上を一般化すると，工程の変更，製品の変更などを行う場合に，最善の策，次善の策などをあらかじめ用意し，それを体系的に整理しておくことで，開発の期間がやみくもに延びるのを防止することができる．また，どの策を選ぶのかにも，過去の工程情報などを統計的手法で解析することで，科学的な意思決定が可能になる．

(3)　ばね荷重を一定値に選別した皿ばねを用いて，かしめ高さを信号因子 M，かしめ後の滑りトルクを応答 y として，基本機能を y と M の線形式であらわし，動特性のパラメータ設計を行っている．制御因子としては，受け治具，潤滑，フランジ径，パンチ角度を取り上げ，基本機能の発揮が好ましくなる制御因子の条件を見出している．応答 y を一定値にするべく，制御因子に基づく実験を直接的に構成するのではなく，このように動特性に基づくパラメータ設計を行うことで，基本機能の発揮が好ましくなる制御因子の水準を見出している．このようにすることで，今後，滑りトルクのねらい値を変更したとしても，かしめ高さの変更だけでねらい値を達成することができる．このように，入出力の機能を考えることで，応用性の高い技術開発を可能にしている．

(4)　一般に，実際問題としてどのように因子を取り上げるのかが課題となる．本事例では，滑りトルクの理論式をもとに，要因系統図に展開することで適切な因子を選択している．すなわち本事例の場合には，滑りトルクに影響すると思われる多数の因子が存在し，その断片的な列挙は比較的容易にできる．一方，課題となるのは，その多数の因子を構造的に整理すること，そして，どの因子が重要なのかについてあらかじめ見当をつけることである．この目的に要因系統図を用いて，系統的な整理，そして，どの因子が重要なのかのおおよそを検討している．

　特に，どの因子が重要であるのかについて，通常，○，△，×という形での定性的（半定量的）ともいえる検討にならざるを得ないが，この事例では，滑りトルクの理論式をもとに，それをより定量的につめている．応答と因子の関係について，精密に定量的に表現するのは実験結果に基づく．この詳細な検討の前に，適用分野の知識を応用することで，適切な実験を構成することができる．

Q & A

> **Q27. PDPC 法**の概要を説明してください．また，実験計画法の活用でどのように役立つのかを説明してください．

A27. PDPC 法は，新 QC 7 つ道具の 1 つで，計画時点での限られた情報しかない不確実な状況の下で計画を策定する際，目標を達成するための計画のスタート（作成時点）からゴール（目的達成）までの過程や手順を作成し，先を深く読むための手法です．

PDPC 法には，つぎの 2 種類があります（八丹, 高渕, 国分 (1995)，新 QC 七つ道具研究会 (1984)）．

(1)　**逐次展開型**

　　方策の詳細な実施手順を検討するときなど，実施手順を作成する時点でスタートからゴールまでのルートを計画するもの．この場合は，まずスタートからゴールまで楽観的なルートを作成します．その後，計画内容が実施できない場合や不測の事態が発生した場合，すなわち悲観的な場合を想定して楽観的なルートに回復する手段を検討して，楽観的な手段に戻るような計画を立てます．なお，計画時点では詳細な予測が困難な場合や事態が極めて流動的で予測が困難な場合などは一応保留にしておいて，逐次に展開することも可能です．

(2)　**強制連結型**

　　重大な労働災害，火災，事故などの発生が予測される場合，それを防止するためにいろいろな可能性を予測して，その防止策を立案し，未然に防止するために使うもの．

実験計画法が活用される研究開発や慢性不良の解決など，これらをうまく進めるには，逐次展開型の PDPC 法が有用です．実験の解析結果によりルートの選択，新たなルートの展開が可能であるためです．

（澤田昌志，角谷幹彦）

> **Q28.** 工程解析で用いられる $\overline{X}\text{-}R$ 管理図，工程能力指数，工程能力調査について説明してください．

A28. $\overline{X}\text{-}R$ 管理図は，計量値によって工程を解析，および管理するときに最も広く用いられます．$\overline{X}\text{-}R$ 管理図は，工程平均の変化（群間変動）を見るための $\overline{X}$ 管理図と，ばらつきの変化（群内変動）を見るための R 管理図からなり，通常この 2 つ

の管理図を組にして使うことにより工程に関して多くの情報が得られ，非常に役立ちます．

管理図には1本の中心線と，その上下に一対の管理限界線が引かれています．工程の状態をあらわす特性値をプロットしたとき，点が2本の管理限界線の中にあり，かつ，点の並び方にクセがなければ，工程は管理状態にあると判断します．点が2本の管理限界線の外に出たり，点の並び方にクセがある場合には，工程に何か見逃せない原因が存在することを示しています．

工程能力を評価するとき，規格値など要求品質と対比した工程能力指数を用います．工程能力指数は工程能力を評価するときの指標であり，要求品質との対比であることから一種の満足度の指標です．工程能力指数を C_p と表記します．

$$両側規格の場合 \quad C_p = \frac{S_U - S_L}{6\sigma}$$

$$ここで，\ S_U：規格の上限$$

$$S_L：規格の下限$$

$$\sigma：工程変動の標準偏差$$

統計的工程管理による「製造品質の造りこみ」ではつぎの4つの過程が考えられます．

(1) 機械能力の確保

(2) 第1期：短期工程能力の確保

(3) 第2期：長期工程能力の確保

(4) 第3期：工程能力の維持

4つの過程における工程能力は，その過程によって5M1Eの変動状況が違うので，各過程に対応して工程能力を求め，工程の評価を行います．

まず，設備単体の製作時における機械能力を確保し，第1期（ラインにおける試験流動），第2期（量産流動の初期段階）では，標準値が与えられていない場合の管理図により，量産に伴う新たな変動に対する早期安定化活動を進め工程能力を確保します．工程が安定したならば第3期（本流動）に移行し，確保した工程能力を標準値とした「標準値が与えられた場合の管理図」によって継続的に工程能力を把握し，造りこんだ製造品質が設備劣化などにより低下しないように維持管理します（仁科 (2006)）．

（澤田昌志，角谷幹彦）

13 亜鉛膜厚の応答曲面法による規格外品低減

要旨 本章では，亜鉛の膜厚の規格外品を応答曲面法による解析で低減した事例を示す．この工程では，前工程から送られてくる鉄コイルの表面に亜鉛被膜を作成している．この亜鉛被膜には，両側からなる社内規格が与えられているものの，適切な操業条件が設定されていないので工程能力指数が満足な水準にない．この事例では，亜鉛の膜厚の規格外品を低減するために，複合計画によりデータを収集し，それを応答曲面解析して適切な操業条件を求めている．その中では，応答変数として，コイル内での膜厚の平均値と，コイル内での膜厚の標準偏差の2つを取り上げ，多応答変数の最適化を試みている．

読みどころ 一般に，応答と要因の関係について，定量的に把握できていないために，要因についての不必要な調整を繰り返し，結果的にばらつきを生じさせている場合があり，本章で取り上げる事例もその1つである．応答曲面法により定量的に関係を把握することで，不必要な調整をなくし，規格を満足する操業条件を導いている．定量的に表現した応答と因子の関係について，実務的課題を考慮して活用している点は他の参考になる．

13.1 亜鉛被膜工程と問題の明確化

13.1.1 問題の背景

上流工程から送られてくるコイル状の鉄板に，亜鉛膜を生成している亜鉛メッキ工程を取り上げる．亜鉛メッキ鋼板の表面は，酸化被膜が形成され水に強いという性質がある．これにより屋根，自動車車体など種々の応用がされている．この工程の概要を図 13.1 に示す．

まず，前工程から送られてきたコイルをほどき，油などを取り除くために洗浄をする．つぎに，鉄と亜鉛の合金反応を促進させるため，加熱した塩化亜鉛アンモニウム水溶液（フラックス）に漬けて，素地表面にフラックス皮膜を形成させる．そののち，メッキ素材を溶融した高温の亜鉛浴の中に鋼板を漬け，亜鉛メッキ皮膜を形成させる．その際，メッキ素材の材質や形状寸法などに応じてライン速度，エア

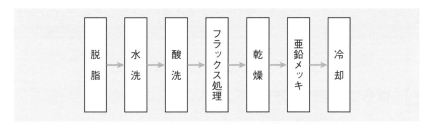

図 13.1 圧延工程における被膜工程の概要

ナイフ圧力などの操業条件を選ぶ必要がある．次に，亜鉛メッキされた製品を温水で冷却する．これにより，鉄と亜鉛の合金層の成長を抑える．そして冷却後，コイルにされて出荷される．

13.1.2 膜厚の現状

亜鉛被膜の膜厚は，薄すぎると被膜としての機能を果たさず，顧客の使用時に問題が発生するという機能的な理由から社内規格の下限 $S_L = 55$（µm）が決められている．一方，厚すぎるとコスト面での問題が生じるという理由から，社内規格の上限 $S_U = 70$（µm）が設定されている．改善前に収集した亜鉛被膜厚のヒストグラムを，図 13.2 に示す．このデータは300個のコイルの亜鉛被膜厚であり，1枚のコイルから概ね30箇所で膜厚を測定し，それらの平均値をコイルの膜厚としている．

このヒストグラムから，規格の中心に比べ全体的に膜厚が大きいことがわかる．また，工程内規格幅に比べ膜厚のばらつきが大きいことがわかる．この300個のデー

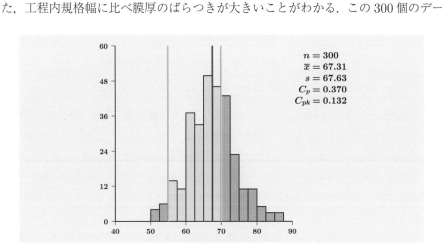

$n = 300$
$\bar{x} = 67.31$
$s = 67.63$
$C_p = 0.370$
$C_{pk} = 0.132$

図 13.2 亜鉛膜厚のヒストグラム

タの平均値は，$\bar{y} = 67.32$ であり上限に近く，標準偏差は 6.763 である．$C_p = 0.370$ でありばらつきが大きく，さらに $C_{pk} = 0.132$ であり規格への適合率が低いことがわかる．これらのことから，膜厚の平均値の調節とばらつき低減が必要となる．

13.2　ばらつき低減の方針

13.2.1　観察されているデータの整理

膜厚のばらつきを低減し，さらに膜厚を規格の中心に近付けるために，すでに収集されている操業データを整理したところ，x_1：ライン速度，x_2：ナイフ間隔，x_3：ナイフ圧力の 3 つの変数と膜厚に相関があることが判明した．これらの x_1：ライン速度，x_2：エアナイフ間隔，x_3：エアナイフ圧力の概要を図 13.3 に示す．鉄板がライン速度 x_1 でメッキ槽に送られ，メッキ槽で亜鉛が塗布される．膜厚を一定にするためエアナイフが用いられ，ナイフ間の間隔 x_2，エアの圧力 x_3 が設定される．

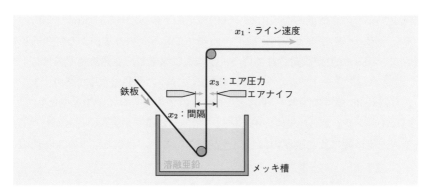

図 13.3　エアナイフによる亜鉛膜厚の調整方法

より詳細に調べるために，目的変数 y を膜厚のコイル内平均値，説明変数を x_1：ライン速度，x_2：ナイフ間隔，x_3：ナイフ圧力として，**重回帰分析**を実施したところ，自由度調整済み寄与率は 0.52 で，残差標準偏差は 2.05 である．これらの変数が適切に管理されているのであれば，目的変数との相関がないはずであるが，この工程の場合には相関がある．この工程では，生産指示などをもとにライン速度が基本的には決められる．また，生産量がこの工程である程度自由に決められるときには，生産量の増加をねらいとしてライン速度に高めの値を設定することが多い．ライン速度に応じて，x_2：ナイフ間隔，x_3：ナイフ圧力を適切に設定しなければならないが，その設定が明示されていないために，これが相関となってあらわれていると考えられる．

実験データの収集方針

前述の回帰分析の結果は，操業時のデータに基づくものであり，因果関係を意味するものではなく，これらの因果関係を考察する上での1つの情報である．そこで，y：亜鉛膜厚と x_1：ライン速度，x_2：ナイフ間隔，x_3：ナイフ圧力の関係を正確に調べるために，管理された状況下で実験を行い，そのデータをもとにこれらの変数と応答の因果関係を考察する．

この工程において制御可能な因子は x_1，x_2，x_3 であり，制御の容易性などは一様ではない．まず，x_1：ライン速度については，基本的には高い方がよいものの，実際は生産指示などをもとに決められる．また，x_2：ナイフ間隔の変更は可能であるものの，工程での調節作業が必要になるために，いったん水準を設定したのちには，その水準で引き続き操業をしたい．さらに，x_3：ナイフ圧力については，比較的容易に水準を変更できる．

図 13.2 のデータの標準偏差が 6.763 であり，これには x_1，x_2，x_3 に関する設定値のばらつきの影響も含まれている．一方，前述の残差標準偏差が 2.05 であり，これは x_1，x_2，x_3 の設定値の影響を取り除いたとしてもばらつく値でもある．これらのことから，x_1，x_2，x_3 を適切な水準に設定することにより，コイル間の膜厚ばらつきが小さくなると考えられる．以上をもとに，膜厚のコイル内平均とコイル内標準偏差について，x_1，x_2，x_3 の関係をデータから定量的に推定し，これらを用いて，中心位置が 62.5 であり，コイル内標準偏差が小さい操業条件を求める．

13.3 膜厚コイル内の平均とばらつきに関する近似式の推定

13.3.1 基本的考え方

因子 x_1，x_2，x_3 について，現実的に操業する領域では広い幅を考慮する必要はなく，限られた領域となる．したがって，**2次モデル**にて近似が可能と考えられる．そこで，コイル内の平均と標準偏差について 2 次モデルを求め，これらによりコイル内平均を規格の中心 62.5 に近付け，コイル内標準偏差が小さくなる条件を推定する．

具体的には，コイル内平均 μ について

$$\mu(x_1, x_2, x_3) = \beta_0 + \beta_1 x_1 + \beta_2 x_2 + \beta_3 x_3$$
$$+ \beta_{11} x_1^2 + \beta_{22} x_2^2 + \beta_{33} x_3^2$$
$$+ \beta_{12} x_1 x_2 + \beta_{13} x_1 x_3 + \beta_{23} x_2 x_3$$

で近似する．同様に，コイル内標準偏差 σ についても，つぎの 2 次モデルで近似
する．

$$
\begin{aligned}
\sigma\left(x_{1}, x_{2}, x_{3}\right) = {} & \gamma_{0} + \gamma_{1} x_{1} + \gamma_{2} x_{2} + \gamma_{3} x_{3} \\
& + \gamma_{11} x_{1}^{2} + \gamma_{22} x_{2}^{2} + \gamma_{33} x_{3}^{2} \\
& + \gamma_{12} x_{1} x_{2} + \gamma_{13} x_{1} x_{3} + \gamma_{23} x_{2} x_{3}
\end{aligned}
$$

13.3.2   2 次モデルを推定するための実験

先に示した 2 次モデルを推定するために，実験回数と推定精度のバランスがよい中
心複合計画を適用する．間隔，圧力，速度の水準は，実際に操業が可能と思われる
範囲から設定する．すなわち，間隔であれば，実際に操業可能なのは 20 mm から
70 mm 程度であり，軸上点がこの領域一杯に広げたように水準を選んでいる．同
様に，圧力，平均についても実際に操業可能な領域全体になるように水準を選んで
いる．

また，中心複合計画の中心点からの距離 α については，3 因子の場合に $\alpha = \sqrt{3} =$
1.732 に軸上点を選ぶと，中心点からすべての実験点が理論上等距離に並び実験点
のバランスがよい．また，$\alpha = 8^{1/4} = 1.68$ に選ぶと，応答の推定精度が中心点から
の距離にのみ依存し，具体的な水準値によらないという統計的に好ましい性質を持
つ．このことを考慮し，基本的には 1.7 を目安に区切りのよい水準設定としている．
なお，実験が難しいなどの点で圧力，速度は小さめの値にしている．さらに，中心
での繰返し数については，総実験回数が大きくなりすぎない点と，誤差の自由度の
確保という双方を考慮し 4 にする．

これらの水準をもとにまとめた実験計画を表 13.1 に示す．また，これらの水準で
実験をし，コイル内の平均膜厚，コイル内膜厚の標準偏差を測定した結果について
も併せて示す．

13.3.3   コイル内平均についての解析

表 13.1 のデータをもとに，2 次モデルをあてはめた結果について，分散分析表
を表 13.2 (a) に示す．この分散分析表より，x_{1}，x_{2}，x_{3} によるモデルでコイル内
平均が説明できることがわかる．どのような項が重要なのかを調べるために，それ
ぞれの項に対する偏回帰係数と F 値を求める．この結果を表 13.3 に示す．

表 13.1　コイル内平均，標準偏差推定のための複合計画

No.	速度 x_1	間隔 x_2	圧力 x_3	基準化 X_1	X_2	X_3	平均 y_1	標準偏差 y_2
1	8	30	40	−1	−1	−1	61.4	1.8
2	8	30	60	−1	−1	1	48.7	0.6
3	8	60	40	−1	1	−1	63.6	1.0
4	8	60	60	−1	1	1	49.6	0.4
5	12	30	40	1	−1	−1	76.2	2.0
6	12	30	60	1	−1	1	58.2	1.0
7	12	60	40	1	1	−1	82.9	3.0
8	12	60	60	1	1	1	61.4	2.2
9	6.5	45	50	−1.75	0	0	49.5	1.0
10	13.5	45	50	1.75	0	0	73.0	1.4
11	10	20	50	0	−1.67	0	57.3	1.0
12	10	70	50	0	1.67	0	70.1	1.2
13	10	45	33	0	0	−1.70	78.5	1.2
14	10	45	67	0	0	1.70	50.0	0.8
15	10	45	50	0	0	0	59.6	1.0
16	10	45	50	0	0	0	60.6	1.2
17	10	45	50	0	0	0	60.3	1.0
18	10	45	50	0	0	0	59.1	1.2

表 13.2　コイル内平均値に対する 2 次モデルの分散分析表

(a)　プール前

要因	S	ϕ	V	F	p 値
2 次モデル	1767.18	9	196.35	426.85	< 0.001
あてはまりの悪さ	17.59	5	3.52	7.65	0.062
純誤差	1.38	3	0.46		
計	1786.15	17			

(b)　プール後

要因	S	ϕ	V	F	p 値
選択後の 2 次モデル	1762.49	7	251.78	547.36	< 0.001
あてはまりの悪さ	22.29	7	3.18	6.92	0.071
純誤差	1.38	3	0.46		
計	1786.15	17			

表 13.3　コイル内平均値の変数選択前後の F 値

説明変数名	変数選択前		変数選択後	
	F	$\widehat{\beta}$	F	$\widehat{\beta}$
定数項	334.62	59.746	347.07	60.155
x_1：速度	278.12	3.417	278.73	3.417
x_2：間隔	36.67	0.169	36.75	0.169
x_3：圧力	402.20	−0.832	403.08	−0.832
$(x_1 − 10)(x_2 − 45)$	2.44	0.028	2.44	0.028
$(x_1 − 10)(x_3 − 50)$	8.64	−0.080	8.65	−0.080
$(x_2 − 45)(x_3 − 50)$	1.21	−0.004		
$(x_1 − 10)^2$	0.76	0.089		
$(x_2 − 45)^2$	8.21	0.006	7.52	0.005
$(x_3 − 50)^2$	10.90	0.014	10.17	0.013
寄与率	0.995		0.993	
自由度調整済み寄与率	0.989		0.987	
残差標準偏差	1.540		1.538	
純誤差標準偏差	0.678			

　この表より，x_2 と x_3 の交互作用をあらわす $(x_2 − 45.0)(x_3 − 50.0)$ と，$(x_1 − 10.0)^2$ の F 値が 2 よりも小さく，これらの項をモデルから外してもよいと考えられる．そこでこれらの項をモデルから取り除き，改めて母数を推定する．そのときの分散分析表を表 13.2 (b) に，また，偏回帰係数と F 値を表 13.3 に示す．また，推定された線点図を図 13.4 に示す．このプール後のモデルをもとに残差などを調べたところ，顕著な傾向や大きく外れた値などは見当たらないので，このモデルをもとにより詳細な解析をする．あてはめた 2

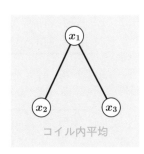

図 13.4　コイル内平均値に対する推定された線点図

次モデルについて，**停留点**は $x_1 = 25.2$，$x_2 = 85.6$，$x_3 = 11.3$ であり，これは**鞍点**となっている．また x_3 のように停留点が実験領域から大きく外れている．

　2 次モデルをあてはめた結果について，等高線を図 13.5 に示す．この図は，横軸に x_1：速度を，縦軸に x_3：圧力をとり，x_2：間隔が 30，60 の場合について示している．また，この等高線中に膜厚の要求範囲である $50 \leq y_1 \leq 70$ を与える x_1，x_3

の領域も併せて示す. この図の $50 \leq y_1 \leq 70$ となる領域からもわかるとおり, x_2: 間隔が 30, 60 のいずれの場合においても, 左下から右上にかけて, 要求範囲を満たす x_1, x_3 の領域がある. 操業条件を設定する場合には, この点も踏まえて検討する必要がある.

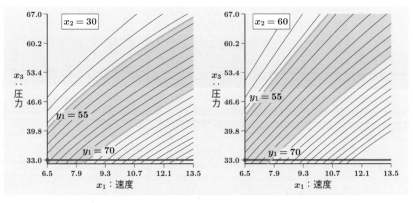

図 13.5 コイル内平均値に対する等高線

13.3.4 コイル内標準偏差の解析

コイル内標準偏差 y_2 を応答として, 前節と同様に表 13.1 のデータをもとに, 2 次モデルをあてはめた結果について, 分散分析表を表 13.4 (a) に示す. またそのと

表 13.4 コイル内標準偏差に対する 2 次モデルの分散分析表

(a) プール前

要因	S	ϕ	V	F	p 値
2 次モデル	4.923	9	0.547	41.0211	0.006
あてはまりの悪さ	1.609	5	0.322	24.1287	0.013
純誤差	0.04	3	0.013		
計	6.571	17			

(b) プール後

要因	S	ϕ	V	F	p 値
選択後の 2 次モデル	4.624	4	1.156	86.7039	0.002
あてはまりの悪さ	1.907	10	0.191	14.3018	0.025
純誤差	0.04	3	0.013		
計	6.571	17			

表 13.5　コイル内標準偏差の変数選択前後の F 値

説明変数名	変数選択前		変数選択後	
	F	$\widehat{\beta}$	F	$\widehat{\beta}$
定数項	0.27	0.498	0.73	0.686
x_1：速度	8.94	0.181	12.30	0.181
x_2：間隔	0.84	0.008	1.16	0.008
x_3：圧力	6.45	-0.031	8.88	-0.031
$(x_1 - 10)(x_2 - 45)$	6.21	0.013	8.55	0.013
$(x_1 - 10)(x_3 - 50)$	0.00	0.000		
$(x_2 - 45)(x_3 - 50)$	0.39	0.001		
$(x_1 - 10)^2$	0.80	0.027		
$(x_2 - 45)^2$	0.48	0.000		
$(x_3 - 50)^2$	0.15	0.000		
寄与率	0.749		0.704	
自由度調整済み寄与率	0.467		0.613	
残差標準偏差	0.454		0.387	
純誤差標準偏差	0.114			

きの F 値，偏回帰係数を表 13.5 に示す．

　この表から，すべての 2 乗項，x_1 と x_2 の交互作用，x_2 と x_3 の交互作用の F 値が小さいことがわかる．そこでこれらの項を誤差と見なし，改めて作成した分散分析表を表 13.4 (b) に示す．このプール後のモデルをもとに残差などを調べたところ，顕著な傾向や大きく外れた値などは見当たらないので，このモデルをもとにより詳細な解析をする．

　また推定された線点図を，図 13.6 に併せて示す．この線点図では，交互作用があるのは x_1：速度と x_2：間隔であり，x_3：圧力は主効果のみ存在している．

　2 次モデルをあてはめた結果について，等高線にして図 13.7 に示す．この図は，横軸に x_1：速度を，縦軸に x_3：圧力をとり，x_2：間隔が 30，60 の場合について示している．またこの等高線中に，望小特性であるコイル内標準偏差 y_2 について $y_2 \leq 1.4$ を与える x_1，x_3 の領域も塗りつぶして示す．この図の $y_2 \leq 1.4$ の領域からもわかるとおり，x_1：速度と x_2：間隔に交互作用

コイル内標準偏差

図 13.6　コイル内標準偏差に対する推定された線点図

があるため，x_2：間隔が 30，60 のいずれかによってコイル内標準偏差 y_2 が 1.4 を下回る領域の場所が大きく異なる．コイル内標準偏差を小さくする操業条件を求めるには，これらの点を踏まえて操業条件を求める必要がある．

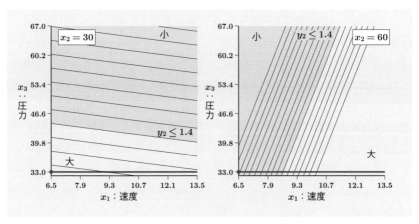

図 13.7 コイル内標準偏差に対する等高線

13.4 工程への導入と効果の確認

13.4.1 工程への導入方針

前節で求めたコイル内平均 y_1 と因子の推定式である

$$
\begin{aligned}
\widehat{\mu}\,(x_1, x_2, x_3) \\
= 60.155 + 3.417x_1 + 0.169x_2 - 0.832x_3 \\
+ 0.028(x_1 - 10)(x_2 - 45) - 0.080(x_1 - 10)(x_3 - 50) \\
+ 0.005(x_2 - 45)^2 + 0.013(x_3 - 50)^2
\end{aligned}
\tag{13.1}
$$

と，コイル内標準偏差 y_2 の推定式である

$$
\begin{aligned}
\widehat{\sigma}\,(x_1, x_2, x_3) \\
= 0.686 + 0.181x_1 + 0.008x_2 - 0.031x_3 + 0.013(x_1 - 10)(x_2 - 45)
\end{aligned}
\tag{13.2}
$$

を用いて，工程への導入を考える．

コイル内平均は，下限規格 $S_L = 55$，上限規格 $S_U = 70$ があり，目標値が 62.5 の**望目特性**である．一方コイル内標準偏差は，値が小さいほど好ましい**望小特性**で

ある．したがって，因子の水準が自由に設定できるのであれば，式 (13.1) の値が規格の中心値である 62.5 に等しいという制約の下に，式 (13.2) を最小化する x_1, x_2, x_3 の水準を，実験を行った領域内で求めるという問題として定式化すればよい．

　しかしながら，この工程においては，因子の水準設定の困難さが異なる．まず x_1：速度は，生産量に直結するものなのでできる限り大きくしたいものの，前工程からの材料の供給状況，後工程での生産状況などにより，この工程では管理ができない場合がほとんどである．また，x_2：間隔の場合には，変更に伴う段取り作業が必要になるので，ひとたび設定したら，その水準でできるだけ長く操業したい．一方，x_3：圧力については，スイッチの設定を変更するだけであり，水準変更は容易である．

　このような状況を踏まえ，x_1：速度が，前工程，後工程などからの要請で決まる場合にはその水準で操業する．制約がない場合には，生産量増加のために高速度とする．また，x_2：間隔については 30 と 60 の 2 水準を設定しそのどちらかで操業をする．さらに x_3：圧力については，x_1, x_2 の水準を踏まえて，コイル内平均が 62.5 になる水準を選ぶ．

　y_1：コイル内平均，y_2：標準偏差の x_2：速度，x_3：圧力に対する重ね合わせた等高線を，図 13.8 に示す．この図において，左は $x_2 = 30$，右は $x_2 = 60$ で等高線を描いている．また図中の黒い太線上に操業条件を選ぶと，コイル内平均の推定値が目標値である 62.5 と一致，すなわち，$\hat{\mu}(x_1, x_2, x_3) = 62.5$ である．また x_1：速度と x_2：間隔との間には，前述の図 13.7 にコイル内標準偏差に与える交互作用がある．この交互作用は，高速度の場合には間隔を狭くし，低速度の場合には間隔を広くすると，コイル内標準偏差が小さくなるというものである．

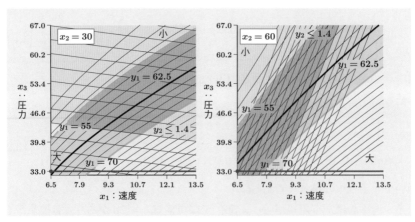

図 13.8　y_1：コイル内平均，y_2：標準偏差の重ね合わせの等高線

これらの結果を生かし,操業条件を設定する.まず,x_1:速度は要請される値を用いる.また,x_2:間隔については 30 と 60 の 2 水準とし,速度が 10 以下の場合には $x_2 = 60$ を使用し,速度が 10 より大きい場合には $x_2 = 30$ とする.これは,速度と間隔がコイル内標準偏差に与える交互作用を考慮し,標準偏差が小さくなるように選んでいる.水準変更が容易な x_3:圧力については,x_1, x_2 の水準が与えられた下で,$\widehat{\mu}(x_1, x_2, x_3) = 62.5$ を満たすように設定する.すなわち,

$$
\begin{aligned}
&\widehat{\mu}(x_1, x_2, x_3) \\
&\quad = 60.155 + 3.417x_1 + 0.169x_2 - 0.832x_3 \\
&\qquad + 0.028(x_1 - 10)(x_2 - 45) - 0.080(x_1 - 10)(x_3 - 50) \\
&\qquad + 0.005(x_2 - 45)^2 + 0.013(x_3 - 50)^2 = 62.5
\end{aligned}
$$

について,x_1, x_2 の水準を代入し,x_2 についての 2 次方程式とし,これを解くことにより $\widehat{\mu}(x_1, x_2, x_3) = 62.5$ となる条件を求める.この結果をまとめたものを,表 13.6 に示す.

具体的な操業においては,つぎのとおりとする.

- 前工程,後工程から速度の要請がある場合には,その速度を用いる.その速度が 10 未満の場合には x_2:間隔を 60 に,10 以上の場合には間隔を 30 に設定する.そして,その速度をもとに,表 13.6 から圧力値を調べ,その値で操業する.

  例えば,x_1:速度について 11.5 という要請が前工程から出された場合には,x_2:間隔が 30 になっているかどうかを確認する.なっている場合にはそのまま,そうでない場合には 30 に変更する.そしてこの表から,x_3:圧力は 49.4 がよいことがわかるので,この値に設定する.

- 前工程,後工程からの要請がない場合には,段取りの手間を省くために x_2:間隔は変更しない.以前の操業で間隔が 60 になっている場合には,x_1:速度を 8.0 とし,x_3:圧力を 42.0 とする.これは,y_2:コイル内標準偏差の値と,速度の望ましい方向が逆であるため,双方のバランスを考えこの設定にする.一方,間隔が 30 になっている場合には,速度を 13.0 に,圧力を 55.4 にする.速度を大きくすると標準偏差が小さくなり好ましい方向が一致しているものの,速度が 13 を超えて操業をした経験がほとんどないため,まずはこの値で設定する.問題がないと確認できたら,今後これらの値を大きくする.

表 13.6　速度：x_1, 間隔：x_2 に基づく圧力：x_3 の設定方法とコイル内平均，標準偏差の推定値

No.	速度 x_1	間隔 x_2	圧力 x_3	平均 $\widehat{\mu}$	標準偏差 $\widehat{\sigma}$
1	14.0	30	58.0	62.5	0.88
2	13.5	30	56.7	62.5	0.93
3	13.0	30	55.4	62.5	0.98
4	12.5	30	54.0	62.5	1.03
5	12.0	30	52.5	62.5	1.08
6	11.5	30	51.0	62.5	1.13
7	11.0	30	49.4	62.5	1.19
8	10.5	30	47.7	62.5	1.25
9	10.0	60	51.8	62.5	1.37
10	9.5	60	49.5	62.5	1.25
11	9.0	60	47.0	62.5	1.14
12	8.5	60	44.6	62.5	1.03
13	8.0	60	42.0	62.5	0.92
14	7.5	60	39.5	62.5	0.81
15	7.0	60	36.9	62.5	0.71
16	6.5	60	34.2	62.5	0.60
17	6.0	60	31.6	62.5	0.49

13.4.2　効果の確認

　上記の対策を導入し，300 個のコイルの生産をした結果について，コイル内平均値のヒストグラムを改善前のヒストグラムとともに図 13.9 に示す．このヒストグラムにおいて，コイル内平均値の 300 個のコイルの平均値は 62.68，その標準偏差は 2.66，工程能力指数は，$C_p = 0.928$，$C_{pk} = 0.905$ となり，大幅な改善がされた．コイル内平均値がねらい値である 62.5 に近付いており，表 13.6 による調整が適切であることがわかる．また，コイル内平均値の標準偏差について，対策前は 6.73 であったのに対し，対策後は 2.69 に減少している．これは，対策前は x_1：速度，x_2：間隔，x_3：圧力の設定が不適切であるためにばらつきが生じていたのに対し，表 13.6 の設定により膜厚に対して過剰あるいは不足な設定から適切な設定になったことによる．

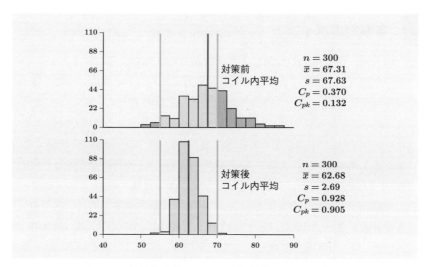

図 13.9　対策導入後のコイル内平均値のヒストグラム

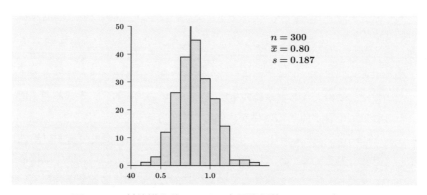

図 13.10　対策導入後のコイル内標準偏差のヒストグラム

　また，コイル内標準偏差のヒストグラムを図 13.10 に示す．この図において，大きく外れた値はなく，また，変動も表 13.6 の範囲と大きな食い違いがなく推測どおりの結果となっている．

　以上の取組みにより，コイル内平均値が規格を満たす割合が高くなったものの，まだ C_P，C_{pk} は不足している．今後は，よりコイル内平均値のコイル間のばらつきを低減し，より工程能力指数を改善する必要がある．

13.5　本事例のポイント

(1)　前工程，環境条件の変動に応じ工程変数の水準を設定しようとするものの，
そのやり方が不適切であるために，結果的にばらつきを増大させてしまうこと
がたびたび発生する．この事例では，操業記録のデータを用い x_1：ライン速
度，x_2：エアナイフ間隔，x_3：圧力と y：亜鉛膜厚による回帰分析により，x_1，
x_2，x_3 の設定が不適切であることを導いている．この状況での回帰分析では，
寄与率が高いということは y の変動が x_1，x_2，x_3 で説明できるということで
あり，工程の操業としては好ましくないことを意味する．

(2)　亜鉛膜厚 y に与える x_1，x_2，x_3 の影響を定量化するために，応答曲面法の
複合計画により表 13.1 に示す実験データを収集している．これにより，y と
x_1，x_2，x_3 の関係を 2 次モデルで表現できるようになっている．この関係式
を求める際，1 つの亜鉛コイルで複数箇所の測定をしているため，その平均値
と標準偏差を求め，それらを応答変数 y_1，y_2 として 2 次モデルの推定を行っ
ている．このような関数表現により，表 13.6 に示す操業の条件の設定が可能
になっている．

(3)　複合計画で表 13.1 の実験データを収集する際，因子 x_1，x_2，x_3 について，
操業できる限界まで広げている．この事例では，因子のさまざまな水準を調べ
たいので，このように水準範囲を広くとっている．一般に，水準範囲を広く取
ることで，応答と因子の関係が評価しやすくなる．

(4)　表 13.6 に示す操業条件は，因子 x_1，x_2，x_3 の条件変更可否や容易性に応
じて設定されている．x_1 は生産計画などによって決まる．実験では積極的に
水準を変更してデータを収集しているのに対し，この表の操業条件においては
前工程によって与えられた条件を用いることにしている．また，x_2 を変更す
るのには，一度，ラインを止めなければならないため，できれば条件を変更し
たくない．一方，x_3 はこの工程で容易に設定できる．これらを踏まえ，x_2 を
2 水準 (30, 60) とし，x_1 から決めるようにしている．また，x_3 は x_1，x_2 が
与えられた下で，平均 $\hat{\mu}$ が目標値に等しく，コイル内標準偏差 $\hat{\sigma}$ が小さくな
るような値となっている．

Q & A

A29. 応答曲面法とは，応答 y と連続的な因子 $x_1, \ldots, x_p$ について，2 次モデル

$$y = \beta_0 + \beta_1 x_1 + \beta_2 x_2 + \cdots + \beta_p x_p$$
$$+ \beta_{11} x_1^2 + \beta_{22} x_2^2 + \cdots + \beta_{pp} x_p^2$$
$$+ \beta_{12} x_1 x_2 + \beta_{13} x_1 x_3 + \cdots + \beta_{p-1 \cdot p} x_{p-1} x_p + \varepsilon$$

によるデータ収集の実験計画とその解析方法からなる一連の方法です．このモデルでは，因子 x_i と x_j の交互作用を $\beta_{ij} x_i x_j$ というように因子の積で表現しています．データの収集には，**複合計画，ボックス・ベーンケン計画**などを用いると，上記のモデルの母数の推定が効率的に行えます．また，応答と因子の関係を 2 次関数で表現しているので，本事例のように，因子の設定の困難さに応じた柔軟な条件設定や，多応答への対応が容易にできます．

(山田 秀)

A30. 母数 β_i，β_{ij} の推定方法は同じです．さらに，データを計画した実験により収集することにより，応答 y の値の予測だけでなく，y を目標値に近付ける $x_1, \ldots, x_p$ の水準の設定など，因果に基づく推測ができます.

一般に，収集しているデータは，対象とする系に介入せずに観察して得る観察データと，対象とする系に介入し意図的に条件を管理して得る実験データに大別できます．観察データは，ある変数の値をそれ以外の変数から予測するという目的には適するのですが，変数に影響を与える要因の分析や，変数間の因果構造の定量化には適しません．これは，限られた変数のみを測定し，それ以外の変数については無管理な状態でデータを得ていて，変数間の因果構造が直接データに反映されないからです．

一方実験データは，実験に取り上げる変数は意図的に条件を変え，それ以外の要因は一定に保つなど，適切に実験の場を管理したうえで無作為化してデータを収集しているので，変数間の因果構造が直接データに反映されます．したがって，そのデータを丹念に解析することにより，予測のみならず，要因分析，因果構造の定

量化，定量化した結果に基づく応答 y の値の制御に役立ちます． (山田 秀)

> **Q31.** 2 次モデルで表現する応答曲面の推定によく用いられる複合計画について説明してください．

A31. 複合計画とは，2 水準要因計画，軸上点，中心点を複合した計画です．例えば，連続量の因子 x_1, x_2, x_3 について，それぞれの水準を基準化し -1, 1 とすると，2 水準要因計画は，x_1, x_2, x_3 のすべての水準組合せからなる計画なので，下記の実験番号 1 から 8 となります．また軸上点とは，1 個の因子は水準を $\pm\alpha$ とし残りの因子は 0 とするので，実験番号 9 から 14 となります．さらに中心点は，因子の水準がすべて 0 であり，実験番号 15 から 18 です．

表 13.7

No.	x_1	x_2	x_3
1	-1	-1	-1
2	-1	-1	1
3	-1	1	-1
4	-1	1	1
5	1	-1	-1
6	1	-1	1
7	1	1	-1
8	1	1	1

No.	x_1	x_2	x_3
9	α	0	0
10	$-\alpha$	0	0
11	0	α	0
12	0	$-\alpha$	0
13	0	0	α
14	0	0	$-\alpha$

No.	x_1	x_2	x_3
15	0	0	0
16	0	0	0
17	0	0	0
18	0	0	0

これらの計画をすべて用いて，実験番号 1 から 18 なる計画を複合計画と呼びます．なお，$\alpha = 1$ とすると 3 水準の計画となり，実験がやりやすくなります．3 因子の場合に $\alpha = \sqrt{3} = 1.732$ に軸上点を選ぶと，中心点からすべての実験点が理論上等距離となり，実験点のバランスがよくなります．また，$\alpha = 8^{1/4} = 1.68$ に選ぶと，応答の推定精度が中心点からの距離にのみ依存し，具体的な水準値によらないという統計的に好ましい性質を持ちます．この性質を，**回転可能性**と呼びます．一般に，p 因子で実験回数 $N = 2^p$ の要因計画を用いる場合には，

$$\alpha = N^{1/4}$$

とすると，回転可能性が成り立ちます．この α の選定について，確実に実験ができ

ることを最優先すべきで，回転可能性は最優先ではありません．また上記では，中心点の繰返し回数 n_0 を 4 としています．中心点での繰返しは，実験誤差の評価のためであり，この決定についてもいくつかの指針があります．　　　　　　(山田 秀)

> **Q32.** 複合計画と直交表による計画について，同じ点，異なる点を説明してください．

A32. 複合計画では，一般に，1 次の効果，1 次と 1 次の交互作用が互いに直交します．例えば，連続量の因子 x_1, x_2, x_3 について，2 次モデル

$$y = \beta_0 + \beta_1 x_1 + \beta_2 x_2 + \beta_3 x_3$$
$$+ \beta_{11} x_1^2 + \beta_{22} x_2^2 + \beta_{33} x_3^2$$
$$+ \beta_{12} x_1 x_2 + \beta_{13} x_1 x_3 + \beta_{13} x_1 x_3 + \varepsilon$$

を考えるとき，$\widehat{\beta}_0$, $\widehat{\beta}_i$, $\widehat{\beta}_{jk}$ $(j \neq k)$ は互いに直交します．また，$\widehat{\beta}_0$, $\widehat{\beta}_i$, $\widehat{\beta}_{jk}$ と 2 次効果 $\widehat{\beta}_{ii}$ も直交します．しかしながら，$\widehat{\beta}_0$ と 2 次効果 $\widehat{\beta}_{ii}$，2 次効果 $\widehat{\beta}_{ii}$ 間では，一般には直交しません．

　2 水準の直交表による計画の場合には，上記のモデルのうち 1 次の効果 $\widehat{\beta}_i$，1 次と 1 次の交互作用 $\widehat{\beta}_{jk}$ を求めることができますが，2 次の効果 $\widehat{\beta}_{ii}$ を求めることができません．また，$L_{27}\left(3^{13}\right)$ などの 3 水準の直交表の場合には，2 つの因子 x_j, x_k の交互作用は 2 列に現れ，それらは x_j, x_k について，1 次と 1 次の交互作用 $x_j x_k$，1 次と 2 次の交互作用 $x_j x_k^2$，2 次と 1 次の交互作用 $x_j^2 x_k$，2 次と 2 次の交互作用を求めることができます．すなわち，3 水準の直交表に割り付けた場合には，すべての交互作用を評価しているのに対し，複合計画では 1 次と 1 次の交互作用 $x_j x_k$ だけを考え実験点を削減しています．

　複合計画では，上記の 2 次モデルに含まれるすべての効果を推定できます．一方，$L_{27}\left(3^{13}\right)$ で 2 次モデルに含まれるすべての効果を推定するには，3 因子までしか割り付けることができず，結局 $3^3 = 27$ のすべての水準組合せを実施する要因計画と一致し，一部実施になりません．これらの違いを踏まえ，適切な計画を選ぶとよいでしょう．　　　　　　(山田 秀)

14 表面処理工程における最適計画による多応答の最適化

要旨　環境負荷物質 6 価クロムの低減のため，亜鉛メッキのクロメート処理を6 価クロムから 3 価クロムへの切替えで対応することとなった．これに伴い，ある薬品メーカーが開発した新処理液の採用が検討されている．しかしながら，新処理液の組成，加工条件と加工品質は未知であり，今までの技術的知見をそのまま適用することはできない．したがって，新処理液での加工技術の確立が急務となる．

　本事例では，ラボにおける新処理液の試験研究において，D-最適計画，モデルのあてはめ，多応答の最適化，応答曲面解析を活用し，当事業所の既設の表面処理装置と加工部品に応じた最適な薬液組成と処理条件を見出し，従来どおりの加工品質を確保している．

読みどころ　本事例で取り上げるクロメート処理においては，さまざまな成分，操業条件を考えねばならず，15 因子を実験で取り上げている．また，クロメート処理の応答変数である加工品質とこれらの因子の関係では，いくつかの交互作用の存在が考えられる．さらに，実験回数に関する制限もある．このような状況下で D-最適計画によりデータを収集し，これらを解析することで多応答変数の最適化を試みている．本事例では，多くの効果を含むモデルによる計画と多応答の最適化という点などで他の参考になる．

14.1　課題と取組み

14.1.1　工程の概要と加工品質特性

クロメート処理の前工程を含めた工程の流れは，

亜鉛メッキ → 加熱処理 → 活性化処理 → クロメート処理

である．加熱処理は，無処理の加工部品もあるので，加工の種類は加熱処理有無の2 種である．

　要求される加工品質として，**クロメート処理**は耐食性を向上させるための加工で

あることから耐食性があげられる．つぎにその加工物は，電気機器の構造部品であるから処理された皮膜の導電性も必要である．以上のことから，クロメート処理加工の評価特性はつぎのとおりである．

(1) **加工品質（主）：耐食性**（テストピースの塩水噴霧試験で観測時点 T_3 における白錆発生面積率（%）

(2) **加工品質（副）：電気抵抗**（Ω）

また，加熱処理の有無は工程で指定できず顧客の指定で決まり，加熱処理有無にかかわらず同一の条件で流動する．すなわち，加熱処理について主効果に興味はなく，他の因子との交互作用に興味がある．本章では，加熱処理有無の 2 種 × 2 応答 = 4 応答 として問題に取り上げる．

14.1.2 課題の整理

新処理液による試験研究の技術課題をつぎに示す．

[課題1] 多因子（処理液の組成，加工条件）実験の効率化をはかる．

　　　新規開発の処理液での実験のため，従来技術での判断はできず，また，2 次の応答や交互作用の存在も十分考えられる．多数の因子で，かつ交互作用，2 次項が含まれる場合の実験の計画の構成が課題になる．

[課題2] 処理液の組成，加工条件を設定し，加工品質を最適化する．

　　　処理液の組成，加工条件の多くの因子から主要なものを抽出し，最適条件を見出すだけでなく，各応答の技術モデルを構築し，そのモデルによるシミュレーションにて多応答の同時最適化を目指す．

[課題3] 工程管理の許容範囲を検討する．

　　　ラボ実験の目的は，量産工程での安定流動である．量産流動は多数の応答を同時最適化した最適な水準にて流動できるが，既存設備では，その水準に厳密に固定できず変動を許容しなければならない要因も存在する．したがって，量産流動で変動が考えられる要因について，課題 2 で構築したモデルを用いた変動を考慮したシミュレーションにて仮想データを生成し，量産流動時の工程能力を評価する．

14.2　実験の計画

14.2.1　実験の推進計画

　実験の実施計画を策定し，**PDPC**（Process Design Program Chart，過程決定計画図）にてまとめる．具体的な実施項目の推進過程で活用する手法を主に，実験推進の PDPC を図 **14.1** に示す．以下にその概要を，順を追って示す．なお，本章では図中の (1) から (8) で示す実験計画法とそのデータの解析に関する項目を中心に取り上げる．

(1)　**特性要因系統図の作成**

　　　固有技術にて，特性に影響する要因を系統図法により整理する．ここでは網羅した要因から，実験の因子の選定と因子の 2 次の効果や交互作用効果を検討，評価し，実験のモデル構成を決め実験計画の特定の要件とする．

(2)　**予備実験**

　　　実験水準の範囲が不明な因子は，無駄な実験にならないようにあらかじめその因子の予備的な実験で確認する．

(3)　**実験計画（DOE）**

　　(a)　**カスタム計画**：作成した要因系統図に基づき，特定の要件を満たすよう計画をカスタマイズして実験の計画を作成する．最適化の基準は，応答のモデルを構築することから D-最適計画とする．

　　(b)　**計画の評価**：作成した実験の計画の評価として，検出力分析にて実験のモデルの各構成の検出力を確認する．

(4)　**実験**

　　　実験を実施し作成したテストピースを評価する．各実験では 3 個作成し，長時間を要する塩水噴霧試験の耐食性は 2 個評価し，1 個は電気抵抗を測定する．

(5)　**モデルのあてはめ**

　　(a)　**ステップワイズ**：応答ごとにステップワイズにてモデルを構築し，構築したモデルでの予測値を保存する．

　　(b)　**多応答の最適化**：各応答の予測値を用いて，最小 2 乗法にてモデルをあてはめた 4 応答の満足度を最大化する．

　　(c)　**シミュレーション**：工程管理の検討を加えたシミュレーションのデータにて工程能力を評価する．

(6)　拡張計画：工程能力が不十分の場合

　　(a)　**要因系統図の再検討**：計画の評価の交絡行列も参考にしてモデル構成（2次，交互作用）の追加，軸点の追加などを検討，評価する．

　　(b)　**拡張計画ののちに追加実験**：再検討した要因系統図をもとに，さらに，実験の反復，中心点の追加，実験回数の追加なども検討し，拡張計画にて追加実験を計画し実験する．

(7)　**試験流動から工程能力の評価**

　　必要な場合は，シミュレーションだけでなくラボでの試験流動で工程能力を評価する．

(8)　**要因系統図に基づく標準化**

　　得られたモデルおよび実験結果を考察し，獲得した技術を要因系統図と照らし合わせ技術標準化する．

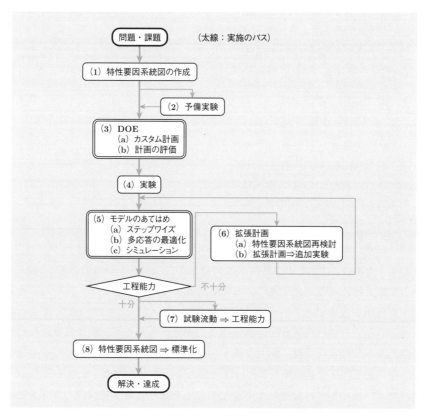

図 14.1　プロジェクトの進め方の **PDPC** 図

14.2.2　**因子と水準**

　新規開発の処理液での実験のため，従来技術での判断はできないので表14.1 に示す多くの因子を取り上げる．これらの 15 因子は，12 の量的因子と 3 の質的因子からなる．さらにモデルは，15 の 1 次効果に加え，10 の 2 次の効果，8 の交互作用も考えられる．この内容を表14.2 に示す．これからわかるとおり，モデルには 33 の項が含まれる．

表 14.1　取り上げた因子と水準

因子	実験水準
x_1：pH	1.6〜2.4
x_2：成分 2	2.5〜10 g/L
x_3：成分 3	25〜75%
x_4：成分 4	0〜10 g/L
x_5：成分 5	0〜100 g/L
x_6：成分 6	0〜10 g/L
x_7：成分 7	0〜1 g/L
x_8：成分 8	0〜0.5 g/L
x_9：浴温度	10〜60°C
x_{10}：処理時間	15〜60 秒
K：液攪拌	なし/エア攪拌
L：治具	SUS/樹脂
M：乾燥方法	遠心/熱風循環
x_{14}：乾燥温度	40〜80°C
x_{15}：乾燥時間	5〜20 分

表 14.2　モデル構成

1 次	2 次	交互作用
x_1	x_1^2	$x_1 \times x_2$
x_2	x_2^2	$x_1 \times x_6$
x_3	x_3^2	$x_1 \times x_9$
x_4	x_4^2	$x_1 \times x_{10}$
x_5	x_5^2	$x_2 \times x_6$
x_6	x_6^2	$x_2 \times x_9$
x_7	x_7^2	$x_2 \times x_{10}$
x_8		$x_9 \times x_{10}$
x_9	x_9^2	
x_{10}	x_{10}^2	
K		
L		
M		
x_{14}	x_{14}^2	
x_{15}		

　このような場合，2 水準の実験は 2 次の効果が表現できず不適切である．また，3 水準の実験を考えると，直交表による実験計画では大規模となり，技術的に考えられる交互作用が表現できず不適切な実験となる．例えば，3 水準の直交表 $L_{27}(3^{13})$ に主効果のみ割り付けた実験を計画することが考えられるが，新規開発された処理液の技術が未知の状況では，膨大な因子の中から要因を絞り込むことは不可能であり，さらに交互作用を無視することは危険である．もう 1 つ大きな直交表 $L_{81}(3^{40})$ では，交互作用の割付けを検討するまでもなくあまりにも実験規模が大きく当課題での実施は不可能である．

ところで **D-最適計画**は，特定の要件（モデル，実験回数，実験可能領域）が与えられたときに，その中でモデルに含まれる母数の推定精度が最も好ましくなる計画である．そこで，D-最適計画に着目し，実施可能な規模で効率的な実験を計画する．

14.2.3　**D-最適計画**

表 14.2 に示すモデルについて，表 14.1 の実験可能領域でモデルの母数の推定精度を最も好ましくする実験回数 $N = 40$ の D-最適計画を，統計ソフトウェアにより求める[1]．この 40 回の実験は，実現可能な規模で母数の推定のために最も効率的な実験である．求めた D-最適計画を表 14.3，表 14.4 に示す．なお，実験順序を無作為に決定していて，その結果を示している．

表 14.3　15 因子，実験回数 40 の D-最適計画（実験番号 1-20）

No.	x_1	x_2	x_3	x_4	x_5	x_6	x_7	x_8	x_9	x_{10}	K	L	M	x_{14}	x_{15}
1	1.6	10.00	75	0.00	0	0.00	0.500	0.00	60	15.00	エア	SUS	熱風	80	5
2	1.6	10.00	75	10.00	100	5.00	0.500	0.02	10	15.00	無	SUS	熱風	40	20
3	2.0	2.50	75	5.00	0	0.00	0.000	0.02	10	60.00	エア	樹脂	熱風	80	20
4	1.6	10.00	75	5.00	0	0.00	1.000	0.00	10	60.00	エア	SUS	遠心	60	5
5	2.4	10.00	25	5.00	50	0.00	0.500	0.00	10	60.00	無	SUS	熱風	40	5
6	1.6	2.50	50	5.00	50	0.00	0.500	0.02	10	15.00	エア	SUS	遠心	80	20
7	2.4	10.00	75	10.00	0	10.00	0.500	0.00	60	60.00	無	樹脂	遠心	80	20
8	2.4	10.00	75	0.00	100	5.00	0.000	0.02	10	60.00	エア	樹脂	遠心	80	20
9	2.4	10.00	50	0.00	100	0.00	0.000	0.00	60	15.00	無	SUS	遠心	80	20
10	2.0	10.00	75	0.00	0	5.00	0.000	0.00	60	60.00	エア	SUS	熱風	40	5
11	2.4	10.00	25	5.00	100	10.00	1.000	0.00	10	15.00	エア	SUS	熱風	60	20
12	2.4	2.50	25	5.00	0	10.00	0.000	0.02	60	15.00	無	SUS	熱風	80	20
13	2.0	6.25	25	10.00	0	0.00	1.000	0.00	60	37.50	無	樹脂	遠心	60	20
14	1.6	2.50	75	3.94	100	10.00	0.000	0.00	10	15.00	無	樹脂	熱風	60	5
15	1.6	10.00	25	0.00	100	10.00	1.000	0.00	35	60.00	エア	樹脂	熱風	80	5
16	1.6	2.50	25	10.00	100	0.00	0.000	0.02	35	60.00	無	SUS	遠心	40	5
17	2.4	2.50	50	5.00	0	0.00	0.000	0.00	60	60.00	無	SUS	熱風	60	20
18	1.6	6.25	25	5.00	0	0.00	0.000	0.00	35	15.00	エア	樹脂	遠心	40	20
19	2.4	2.50	75	10.00	50	0.00	0.000	0.00	35	15.00	無	SUS	遠心	60	5
20	2.4	2.50	25	0.00	50	5.00	0.000	0.00	60	60.00	エア	樹脂	遠心	80	5

---

[1] なお本章での計算には，SAS 社 JMP Ver.11.2.0 を用いている．

表 14.4　**15 因子，実験回数 40 の D-最適計画（実験番号 21-40）**

No.	x_1	x_2	x_3	x_4	x_5	x_6	x_7	x_8	x_9	x_{10}	K	L	M	x_{14}	x_{15}
21	2.4	2.50	50	0.00	100	0.00	0.500	0.02	60	15.00	エア	樹脂	熱風	40	5
22	1.6	2.50	75	0.00	50	0.00	0.000	0.00	60	37.50	無	SUS	熱風	80	20
23	1.6	2.50	75	10.00	0	10.00	0.500	0.02	60	60.00	エア	樹脂	遠心	40	20
24	1.6	6.25	25	10.00	50	10.00	0.000	0.02	10	37.50	エア	SUS	熱風	80	5
25	1.6	10.00	50	5.00	50	0.00	0.000	0.02	60	60.00	無	樹脂	熱風	60	20
26	1.6	10.00	50	10.00	50	10.00	1.000	0.00	60	15.00	エア	SUS	遠心	40	20
27	2.4	10.00	75	5.00	50	5.00	1.000	0.02	60	37.50	エア	樹脂	遠心	40	5
28	1.6	10.00	50	0.00	0	10.00	0.000	0.00	10	37.59	無	樹脂	遠心	40	20
29	1.6	2.50	25	10.00	50	0.00	0.500	0.00	10	60.00	無	樹脂	熱風	60	20
30	2.0	10.00	50	0.00	0	0.00	0.500	0.02	60	15.00	無	樹脂	遠心	80	5
31	2.4	2.50	50	10.00	100	10.00	1.000	0.00	10	37.86	無	樹脂	熱風	40	5
32	2.4	6.25	50	5.00	0	5.00	0.500	0.00	10	15.00	無	樹脂	熱風	80	5
33	2.4	2.50	25	0.00	0	3.15	1.000	0.00	10	15.00	無	SUS	遠心	40	20
34	2.4	6.25	50	0.00	100	10.00	0.000	0.02	10	60.00	エア	SUS	遠心	60	5
35	2.0	6.25	75	0.00	50	10.00	1.000	0.02	35	60.00	無	SUS	熱風	40	20
36	1.6	2.50	50	10.00	0	5.00	1.000	0.00	60	15.00	無	樹脂	熱風	60	5
37	2.4	10.00	25	0.00	0	0.00	0.500	0.02	35	37.50	エア	樹脂	熱風	60	20
38	2.0	10.00	25	0.00	50	10.00	0.361	0.02	60	15.00	無	樹脂	遠心	60	20
39	1.6	10.00	50	5.00	100	10.00	0.500	0.02	60	37.50	無	SUS	遠心	80	5
40	2.0	2.50	50	5.00	100	5.00	0.500	0.00	35	37.50	エア	SUS	遠心	80	20

14.2.4　計画の評価

　計画した実験回数 $N = 40$ の D-最適計画では，モデルに取り上げた 33 項の検出がどの程度できるかを評価する．この検出力の分析では，有意水準 $\alpha = 0.05$，誤差の標準偏差の予想値 $= 1$，係数の予想値 $= 1$ としている．ただし，例えば図 14.2 のように，因子の実験範囲（$-1 \leq x \leq 1$）で効果を 2 としたとき，左の 1 次項の係数は 1 となるが，同じ場合でも右の 2 次項の係数は 2 となることから，2 次項の係数の予想値 $= 2$ としている．この条件の場合について，前述のモデルに含まれる 33 項のそれぞれの検出力を図 14.3 に示す．モデルに取り上げた 33 項のパラメータの検出力は総て 0.9 を上回っているため十分と見なしうることから，作成した実験計画にて実験を進める．

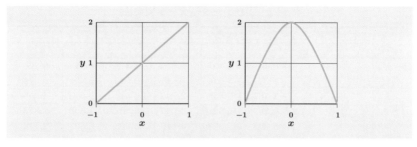

図 14.2 要因の 1 次と 2 次の効果

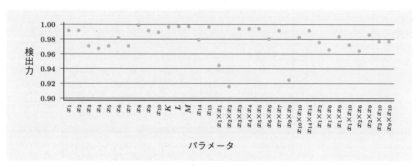

図 14.3 パラメータの検出力

14.3 実験データの収集と解析

14.3.1 実験の実施と変数変換

　加熱処理有無の 2 種類について，表 14.3 の D-最適計画に基づき 40 回のクロメート処理実験を実施し，各実験で 3 個ずつテストピースを製作する．3 個のテストピースのうち 2 個は耐食性を評価し，1 個は導電性の評価を行う．

　評価で得たデータは，データ変換を行い以降の解析に用いるデータとする．耐食性の評価は，白錆発生面積率（％）の比率データをもとに行う．このデータは比率であるので，下記の経験ロジット変換にて加法性の確保などを行う．

$$\ln \frac{z + 0.5}{n - z + 0.5}$$

ここで，テストピースの総面積を $n = 100$（％）とし，錆面積割合を z（％）とする．

　一方，導電性は，絶縁抵抗値（Ω）で評価する．これは非負で指数的な分布を示しているので，下記の常用対数変換

$$\log \Omega$$

表 14.5　実験データ（データ変換後）

実験	処理実験		加熱処理なし			加熱処理あり		
No.	x_1	$\cdots$ x_{15}	y_1		y_3	y_2		y_4
1			-0.401	0.401	2.378	-1.368	-0.613	6.290
2			-1.957	-3.674	7.125	-0.613	-0.401	0.074
3			-2.387	-0.838	-2.799	0.613	0.613	4.005
4			0.199	-0.838	-2.640	-5.303	-5.303	-1.813
5			-5.303	-5.303	4.949	-5.303	-5.303	-2.114
6			-4.605	-4.195	-2.243	1.085	1.085	-2.481
7			-5.303	-5.303	4.021	-0.838	-1.368	0.819
8			-3.674	-3.065	0.675	1.368	1.085	2.355
9			-4.605	-4.195	5.904	-3.674	-3.065	2.196
10			-5.303	-4.605	7.627	-5.303	-5.303	6.375
11			-4.605	-3.327	6.169	-0.401	-1.708	-1.853
12			0.000	0.000	-0.203	5.303	2.154	0.662
13			-5.303	-5.303	7.151	-5.303	-5.303	0.968
14			-5.303	-5.303	-1.386	-3.327	-5.303	-2.459
15			-5.303	-4.605	7.897	0.838	0.000	7.765
16			0.401	0.401	-2.322	5.303	5.303	-2.092
17			0.838	0.000	1.460	5.303	2.154	0.473
18			-5.303	-5.303	-2.366	-5.303	-5.303	-1.708
19			-4.195	-4.605	2.895	-2.854	-3.674	-2.322
20			-5.303	-5.303	8.333	-1.708	-1.708	2.808
21			-3.674	-3.327	2.729	-5.303	-3.327	8.159
22			-5.303	-5.303	8.350	-3.674	-3.674	$\cdot 4.597$
23			2.154	1.368	8.400	5.303	5.303	5.816
24			-3.674	-3.327	-0.609	0.838	0.838	-2.320
25			-5.303	-5.303	5.232	0.000	0.401	-0.633
26			-5.303	-5.303	7.848	-5.303	-5.303	4.251
27			0.838	1.085	2.227	1.085	2.154	7.763
28			-4.605	-5.303	-2.233	-2.154	-2.854	0.662
29			-5.303	-5.303	6.499	-5.303	-5.303	0.875
30			-5.303	-5.303	4.448	-1.708	-1.368	0.353
31			-4.605	-4.605	4.808	-1.708	-1.368	-2.322
32			-5.303	-5.303	-2.423	-1.495	-1.495	-2.111
33			-0.401	-1.368	0.253	1.368	1.085	-2.540
34			-0.838	-1.368	-2.339	5.303	5.303	0.998
35			-0.401	-1.368	0.065	5.303	5.303	4.231
36			-3.327	-3.674	4.813	0.838	0.838	8.415
37			-0.401	-0.401	-1.223	2.154	2.854	-1.123
38			0.613	0.000	0.702	2.154	1.085	-0.493
39			-1.085	-1.708	3.293	0.000	0.401	3.532
40			-5.303	-5.303	4.792	-3.327	-4.195	2.459

注：No.36 の $y_4 = 8.415$ は，図 14.5 の外れ値である．

にてデータ解析結果の安定性を目指す.

上記の白錆発生率,絶縁抵抗値のそれぞれについて,加熱処理のある場合とない場合を考えるので,応答はつぎに示す4変数となる.

$$y_1 = \ln \frac{z + 0.5}{n - z + 0.5} \quad (加熱処理なし)$$

$$y_2 = \ln \frac{z + 0.5}{n - z + 0.5} \quad (加熱処理あり)$$

$$y_3 = \log \Omega \quad (加熱処理なし)$$

$$y_4 = \log \Omega \quad (加熱処理あり)$$

変換値を表14.5に,その多変量連関図の一部を図14.4に,質的な因子と応答値の関係を図14.5に示す.図14.4と図14.5から,4応答値間の相関は強くなく,因

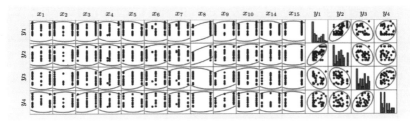

図14.4 応答値の多変量連関図

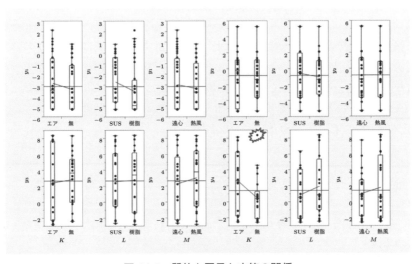

図14.5 質的な因子と応答の関係

子の効果の傾向も異なることがわかる．これらから各応答は，それぞれ違ったモデルと考えられるので，単一のモデルを応答にあてはめるのではなく，それぞれの応答についてモデルを構築した上で多応答の最適化をはかる．

14.3.2　応答曲面解析

本事例では，モデル構築の対象となる項が多い．そこで，要因効果の F 値に対する p 値をもとに，その基準を $p = 0.2$ を基準として変数増減法により変数選択をする．この変数選択基準は，回帰分析にてよく用いられる $F_{in} = F_{out} = 2$ の変数選択基準とほぼ同等であり，自由度2重調整寄与率が高い項の組合せとなるモデルの構築を目指している．以下に4つの応答のうち，y_1 についてモデルのあてはめについて記す．

あてはめたモデルの要約統計量を表 14.6 に示す．モデルの寄与率 R^2 が 0.93 と高く，また**残差の標準偏差（RMSE）**は 0.76 である．残差の標準偏差の2倍の区間を考えると概ね ± 1.5 となり，この式で説明できない変動が小さいと見なしうる．これらから，実用上十分なあてはめの精度を有すると見なせる．

表 14.6　応答 y_1 のモデルのあてはめの要約

統計量	値
寄与率 R^2	0.926
自由度調整済み寄与率	0.894
残差標準偏差（RMSE）	0.760
応答 y_1 の平均	-3.125

応答 y_1 の変数選択の結果について，表 14.7 に示す．この表には，因子の効果の推定値，変数選択の F 検定の自由度（1次項は選択された2次や交互作用の自由度も含む），F_0 値，p 値を示している．これらは，最小2乗法により偏回帰係数として求められる．なお質的変数の場合，総和を0とし水準ごとに効果を求めている．例えば，変数 L の $\{$ 樹脂 $-$ SUS $\} = -0.612$ は，

$$樹脂 \quad -0.612$$

$$SUS \quad 0.612$$

となる．

表 14.7 より，y_1 の母平均 $\mu_1 (x_1, \ldots, x_p)$ について推定されたモデルはつぎのようになる．

$$\hat{\mu}_1 (x_1, \ldots, x_p) = -5.460 + 0.404 x_1 - 0.029 x_2 + \cdots - 0.001 x_9 x_{10} \quad (14.1)$$

表 14.7 応答 y_1 の変数選択結果

因子	偏回帰係数	自由度	平方和	F 値	p 値
切片	-5.460	1	0.00	—	—
x_1	0.404	3	11.12	6.412	0.001
x_2	-0.029	4	40.15	13.363	0.000
x_3	0.016	2	50.82	43.954	0.000
x_4	-0.109	1	14.36	24.832	0.000
x_5	-0.017	2	59.73	51.655	0.000
x_6	0.048	2	6.69	5.786	0.005
x_7	0.778	1	6.94	12.006	0.001
x_8	141.343	1	153.02	264.671	0.000
x_9	0.013	3	16.32	9.408	0.000
x_{10}	0.012	5	51.93	17.965	0.000
K 無–エア	0.000	1	0.81	1.418	0.239
L 樹脂–SUS	-0.612	1	27.76	48.025	0.000
M 熱風–遠心	-0.340	1	8.37	14.486	0.000
x_{14}	-0.021	2	12.77	11.042	0.000
x_{15}	-0.065	1	16.64	28.775	0.000
x_1^2	2.786	1	2.03	3.504	0.067
x_2^2		1	0.84	1.466	0.231
x_3^2	0.002	1	38.31	66.261	0.000
x_4^2		1	0.94	1.639	0.206
x_5^2	0.001	1	30.74	53.172	0.000
x_6^2		1	0.16	0.273	0.604
x_7^2		1	0.45	0.773	0.383
x_9^2		1	0.30	0.511	0.478
x_{10}^2	-0.001	1	1.55	2.678	0.107
x_{14}^2	-0.002	1	5.85	10.122	0.002
$x_1 \times x_2$		1	0.23	0.396	0.532
$x_1 \times x_6$		1	0.90	1.566	0.216
$x_1 \times x_9$		1	0.43	0.742	0.393
$x_1 \times x_{10}$	-0.043	1	7.31	12.651	0.001
$x_2 \times x_6$	-0.017	1	4.13	7.149	0.010
$x_2 \times x_9$	0.002	1	1.99	3.445	0.069
$x_2 \times x_{10}$	-0.010	1	34.26	59.257	0.000
$x_9 \times x_{10}$	-0.001	1	6.45	11.149	0.015

式 (14.1) において y_1（加熱処理なしの白錆発生面積率）は,

- 定数項 $= -5.460$
- 因子 x_1 の 係数 $= 0.40$ より，y_1 が小さい方がよいから x_1 が小さい方がよい

などで，個々のパラメータの係数の正負などは技術的に納得しうる.

作成したモデルの分散分析を表 14.8 に示す. 分散分析表にて，回帰の残差はあてはまりの悪さと純誤差の 2 つの部分に分けられる. あてはまりの悪さとは，モデルに含めなかった効果による誤差で，純誤差は因子の水準が等しいデータから計算される誤差であり lack of fit の検定の基礎となる.

今回はあてはまりの悪さが有意であり，これはデータの中に今回あてはめたモデルで説明できない効果があるという意味である. このデータの場合，純誤差は各実験で 2 個作成したテストピースの単純繰返しであり，実験の繰返しは含まれないため小さく，検定の基礎となる誤差が小さいから有意となったと判断し，これ以上の説明変数の追加はせずこのモデルを採用する.

表 14.8 **Y_1 のモデルの分散分析表**

要因	S	ϕ	V	F
回帰	399.29	24	16.637	28.78
残差	31.80	55	0.578	
あてはまりの悪さ	23.95	15	1.597	8.14
純誤差	7.85	40	0.196	
合計	431.09	79		

14.3.3 モデルの検討

図 14.6 に観測値と予測値の散布図を示す. この図から，残差の正規性，等分散性，不偏性などの視点において，特に顕著な傾向が見当たらないことがわかる. 得られたモデルの下で，望小特性としてこれを最適化した工程平均の推定値は，$\hat{\mu} = -12/0$，95%信頼区間は $[-12.9, -11.1]$ であり，従来品質を十分満足する結果と期待される.

応答 y_1 と同様に応答 y_2 もモデルをあてはめ両者を比較検討した結果をつぎに示す. それぞれのモデルは,

$$y_1: \quad \text{選択した項の数} = 24, \quad \text{寄与率 } R^2 = 0.93$$

$$y_2: \quad \text{選択した項の数} = 25, \quad \text{寄与率 } R^2 = 0.92$$

と，数の上ではほぼ等しく見える. それぞれのモデルにおける尺度化した推定値を

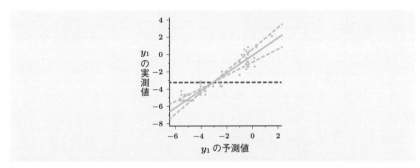

図 14.6 y_1 の観測値と予測値の散布図

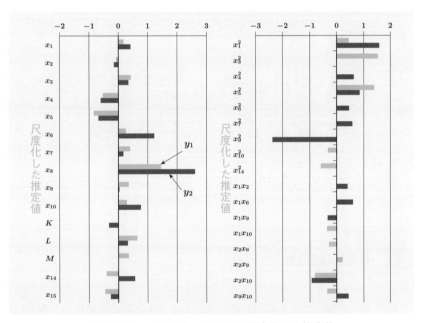

図 14.7 選択した変数における尺度化した推定値

図 14.7 に示す. ここで尺度化した推定値とは, 連続量の因子を平均で中心化し, $\frac{範囲}{2}$ で尺度化した統計量であり, 各要因の影響度をあらわす標準偏回帰係数と同じ意味である.

これには, つぎに示すような構成内容の違いが見られる.

- 2つのモデルの影響の大きさの順序が同じとはいえない.
- 2つのモデルの選択された項に違いが見られる.
- 2つのモデルで正負逆の項がある.

一例として，$x_1 \times x_9$ の応答曲面を図 14.8 に示す．この例では，y_1 の応答は U 字形の凹の曲面であるが，y_2 の応答は鞍形の凸の曲面と，異なる特徴的な応答であることが確認でき，それぞれを考察すると技術的な知見が得られる．

y_1，y_2 ともに共通のモデルであらわされるのであれば，これらはもっと類似していると考えられる．その場合には，共通のモデルで多応答の最適化が可能となるが，今回のデータはそのような傾向がないので，それぞれの応答が異なる項から構成されることを前提に，多応答の最適化を行う．

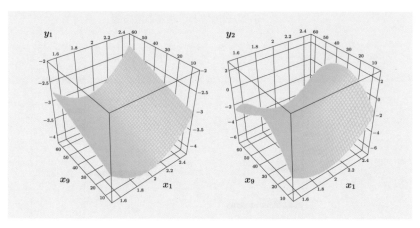

図 14.8　x_1，x_9 に関する応答曲面の例

14.3.4　多応答の最適化

各応答について，モデルのあてはめにより得られた予測値を表 14.9 にまとめて示す．この予測値を用いて 4 応答の最適化をはかる．多応答の最適化の手順を以下に示す．

(1)　モデルのあてはめ

表 14.9 を解析用のデータとする．この予測値を 4 応答変数とし，表 14.2 のモデルに基づいてあてはめを行う．この場合，予測値を応答として用いることにより，それぞれの応答に対応したパラメータの推定値を持つモデルとなる．このように，予測値を求めて改めてモデルフィッティングを行うのは，モデルに含まれる項を応答間で共通化するためである．この処理により多応答の最適化が容易になる（芳賀(2002)）．

表 14.9　各応答の予測値

No.	y_1	y_2	y_3	y_4
1	-0.553	-2.368	2.906	6.116
2	-2.448	-0.554	5.999	-0.583
3	-1.077	0.794	-4.612	3.091
4	-0.373	-4.572	-1.607	0.005
5	-5.395	-6.012	2.979	-0.319
6	-5.606	-0.346	-1.448	-0.767
7	-4.730	0.116	5.203	2.899
8	-4.110	0.901	3.556	2.881
9	-3.741	-3.579	4.901	2.722
10	-5.115	-4.955	5.979	3.343
11	-4.117	-0.863	5.497	-2.153
12	-0.868	2.683	1.445	0.760
13	-5.260	-6.888	6.755	0.581
14	-5.431	-4.226	0.156	-2.245
15	-5.358	-0.645	6.043	5.763
⋮	⋮		⋮	
38	-0.657	1.118	2.118	0.011
39	-0.552	1.915	1.457	1.798
40	-5.726	-3.661	5.063	2.775

(2)　同時最適化

　(1) で生成したモデルを用いて，4つの応答が全体的に好ましくなるような因子の水準を，望ましさ関数（desirability function）に基づくアプローチで探索する．これは，応答の目標を設定し，その目標に対する望ましさを関数として定義し，その望ましさを最大にする条件を求める．

　錆発生率，抵抗 Ω ともに望小特性であるので，従来品の品質レベルを参考に，表 14.10 のように応答の目標を設定し満足度を最大化する．例えば錆の応答の目標

表 14.10　応答の目標

	高（満足度 0）	中（満足度 0.5）	低（満足度 1.0）	重要度
錆	-2.2	-6.7	-11.2	0.4
Ω	0	-4.5	-9	1

は，本事例は従来品質レベルが目標であるから，

- **高（満足度 0）：−2.2**

  応答の値 = −2.2 と応答の値が高い場合，望小特性であるから満足度 0 とする．すなわち，従来の最悪値．

- **中（満足度 0.5）：−6.7**

  応答の値 = −6.7 と応答が中レベルの場合，満足度 0.5 とする．すなわち従来の平均レベル．

- **低（満足度 1）：−11.2**

  応答の値 = −11.2 と応答の値が低い場合，望小特性であるから満足度 1 とする．錆の場合，最良は錆 0 であるので従来レベル値は参考にならず，ここでは高–中の直線延長上とする．

と設定している．また重要度について，当初 4 応答ともにデフォルトの 重要度 = 1 にて満足度最大化を試みた結果，錆の満足度に対して電気抵抗 Ω の満足度が低いので，電気抵抗Ωの重要度 = 1 に対して錆は 重要度 = 0.4 と調整している．

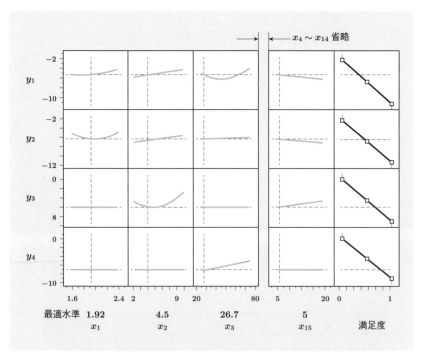

図 14.9　多応答の最適化の予測プロファイルプロット（一部）

図 14.9 に同時最適化した予測値の一部を示す．新処理液の 3 価クロムについて，上記で求めた条件での推定値は表 14.11 に示すとおり，4 つの応答ともに従来よりも改善されていることがわかる．各因子の最適水準も図 14.9 の出力から読み取る．

表 14.11 **最適化推定値**

		耐食性		電気抵抗	
		応答［錆］	錆面積（%）	応答［Ω］	mΩ
加熱処理	なし	−6.59	0.14	−3.53	0.30
	あり	−7.97	0.03	−4.20	0.06

14.4 工程能力の評価

今回のラボでの実験で得られた最適条件を，量産流動時の薬液管理，処理条件の候補として設定する．このとき量産品では，構築したモデルの誤差の標準偏差（RMSE）分の変動が発生する．また日常管理では，最適水準に固定し続けることは困難で最適水準のまわりに変動を許容しなければならない要因がある．新薬液での量産化可否の判断には，これらの変動を考慮したシミュレーションにて仮想データを生成し，量産流動時の**工程能力**を評価する．

14.4.1 応答曲面モデルによるシミュレーション

シミュレーションは 4 応答の最適化の予測プロファイルにて，変動を許容する要因の工程管理とモデルの誤差の標準偏差（RMSE）を与えて実行する．その詳細な条件を，表 14.12 に示す．変動を考慮する要因の工程管理は，既存設備での現状と新薬開発時の状況から技術的に設定している．他の因子はすべて最適化した水準に固定している．図 14.10 にシミュレータの設定の一部を示す．

表 14.12 **シミュレーションの工程管理（左）と誤差の標準偏差（右）**

加工条件	許容変動	応答	許容変動
x_1	正規分布 $N(1.92, 0.05^2)$	y_1	0.76
x_3	正規分布 $N(27, 3^2)$	y_2	1.18
x_5	一様分布 $[0,15]$	y_3	2.21
x_7	一様分布 $[0,1]$	y_4	1.83

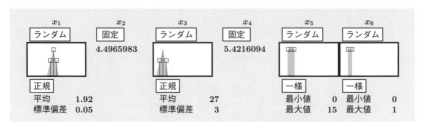

図 14.10　シミュレータの設定

　工程能力分析

　シミュレーションのデータを 5000 組発生させ，それを日常管理の品質データとして工程能力を評価する．シミュレーションデータから求めた統計量と工程能力分析の結果を表 14.13，図 14.11 に示す．例えば，応答 y_1 の工程能力の評価は，

$$\widehat{C}_p = \frac{UCL - \mu}{3\sigma} = \frac{-2.2 - (-6.65)}{3 \times 0.85} = 1.38$$

と規格を満足する．

表 14.13　シミュレーション結果

応答	規格（目標）	μ	σ	$\mu + 3\sigma$	C_p
y_1	≤ -2.2	-5.70	0.85	-3.16	1.38
y_2	≤ -2.2	-6.65	1.20	-3.06	1.24
y_3	目標 ≤ 0	-4.89	2.25	1.86	—
y_4	目標 ≤ 0	-7.08	1.86	-1.51	—

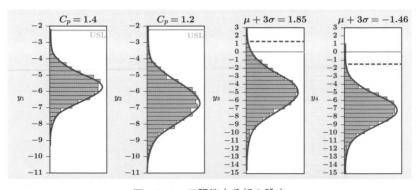

図 14.11　工程能力分析の設定

しかし，応答 y_3 は工程のばらつきを考慮した $\mu + 3\sigma = 1.86$ と目標 ≤ 0 を若干上回っており，実機での試験流動にて工程能力の確認，確保が必要であるが，以上の検討をとおして，本事例で開発した方法を実工程で用いることにする．

14.4.3 事例のまとめ

最適計画，多応答の最適化，応答曲面法を活用し表面処理工程の多くの条件で，かつ複数の加工品質の最適化をラボの試験研究にて進めてきた．その結論を以下にまとめる．

(1) D-最適化計画により実験規模の最小化をはかった．

(2) モデルのあてはめにより加工品質を加工条件で予測するモデルを構築した．

(3) 多応答の最適化により各要因の最適条件を設定し，量産時の工程管理を想定した加工品質を確保した．

今後は，実機での試験流動にて実験回数を増加させて確認を行う必要がある．

14.5 本事例のポイント

(1) 本事例では，従来用いていた 6 価クロムを，環境への配慮から 3 価クロムに変更することに伴い，従来と同等の防錆性，導電性が確保できるかどうかを検討している．その中で，従来用いていた 6 価クロムから 3 価クロムに変更することで，防錆性，導電性に因子が与える影響を包括的に把握する必要が生じている．すなわち，従来工程の一部を変更したために，蓄積されている知識をそのまま適用できず，包括的な知識獲得の必要が生じ，それに対応した事例である．

この知識獲得においては，因子の数が 15 であり，交互作用，2 乗の効果なども含まれていて，2 水準，3 水準直交表に基づいて因子を絞り込み，その後に複合計画，要因計画などで綿密に検討を行うというアプローチが困難である．また因子の最適条件を求める際，複数の応答があるので，それらを同時に好ましいレベルにする必要がある．

本事例では上記の前者の問題に対して，D-最適計画を用いることで，多数の効果の総合的な把握を試みている．また後者の条件設定の問題に対して，望ましさ関数に基づく多応答の最適化を行うことで好ましい条件を得ている．D-最適計画，多応答の最適化手法はともにコンピュータによる計算が不可欠であり，これらの手法をうまく組み合せた事例といえる．

(2)　本事例では，量的因子が 12 因子で，質的因子が 3 因子，さらにこれらの 1
次の効果のみならず，2 次の効果，2 因子交互作用も存在していて，これらを
総合的に考慮した実験計画が必要となる．この場合，2 水準直交表では 2 次の
効果が推定できない．また，すでに用意されている 3 水準直交表では，これら
の膨大な因子と，交互作用を考慮した推定ができない．

　この事例では，モデルに基づいて柔軟に計画を構成する D-最適計画を用い，
上記の推定が可能になる計画を求めている．このモデルにおいて，推定が必要
な母数の数は 30 を越え，それを 40 回の実験で推定できるようにしている．

(3)　多応答の最適化における応答は，錆，導電性にかかわる 4 つである．これら
の応答を総合的に好ましいレベルにする因子の水準を探索することは，通常，
容易ではない．例えば，y_1 を小さくするために因子 x_1 の水準を大きくした
ら，y_1 については好ましいレベルになったが，y_2 が好ましくないレベルにな
る，などの問題が生じるからである．本事例ではこの問題に対し，望ましさ関
数を用いてこれを最適化するように，因子の水準を求めている．このアプロー
チの本質は，複数の応答を 1 つの望ましさ関数に統合化し，複数の応答を総合
評価し，この関数を好ましいレベルにする因子の水準を求めることにある．本
事例では，合理的な望ましさ関数を定める際，従来のレベルをベースに，応答
が望小特性であることを考慮して，望ましさ関数を設定している．また，望ま
しさ関数による多応答の最適化は計算が煩雑になるため，これを解決するため
に統計解析ソフトウェアを用いている．合理的な望ましさ関数の設定は，現実
問題として常に付きまとう．そのような場合に本事例のように，従来のレベル
をもとに設定することが 1 つの方法としてあげられる．

(4)　本事例の応答の 1 つである錆は，計数値データである．この事例では，それ
に対して経験ロジット変換を施すことで計量値に変換し，それに対して，多応
答の最適化を適用している．また，他の応答である絶縁抵抗値については，非
負の値をとり左右非対称な分布である．これを対数変換し，データ解析結果の
安定性をねらっている．

　実際問題では，上記のように応答データが計数値であったり，左右非対称で
あったりする．一方，分散分析などの実験計画法の多くの手法は，正規分布を
用いたモデルによって構成されている．本事例のように変数変換を施すこと
で，解析結果の安定性を目指すことは現実的なアプローチといえる．

(5)　本事例では，D-最適計画を用いて実験計画を構成し，その実験データを用
いて応答の同時最適化を試み，複数の応答を同時に好ましくする因子の水準を

求めている．その後にシミュレーションにて，実際の工程管理で考慮すべき要因の変動を与えた量産時の工程能力を評価している．検討の際には，等高線を複数組み合わせ，因子の管理の容易性に基づいて解釈を行っている．

　実際問題では，操業時に管理が容易な水準や，そうでない水準が入り混じっている．その場合に管理のやり方によって，応答にどのような影響が出るのかを把握することが重要となる．本事例はそれを等高線を用いて行っていて，このやり方は他の事例においても十分参考になる．

Q & A

Q33. 最適計画について，概要を説明してください．

A33. 最適計画とは，モデル，実験可能領域，実験回数が与えられたとき，実験計画のよさに関する所与の基準を最適化する実験計画です．例えば，3 因子 x_1, x_2, x_3 について，1 次モデル

$$y = \beta_0 + \beta_1 x_1 + \beta_2 x_2 + \beta_3 + \varepsilon$$

を用い，実験可能領域 $-1 \leq x_i \leq 1$ $(i = 1, 2, 3)$ の中で $N = 8$ 回の実験回数で推定する実験計画を考えます．実験計画のよさとして，$\widehat{\beta_i}$ の分散が全体的に小さくなるという基準を取り上げます．分散が全体的に小さくなることを，推定値ベクトルの一般化分散で測ると，この基準は計画行列 $\boldsymbol{X}$ に関する行列式 $\det(\boldsymbol{X}^\top \boldsymbol{X})$ が大きいほどよいと表現できます．この行列式による基準を，D-最適性と呼びます．この例の D-最適計画は，x_1, x_2, x_3 について，水準を -1, 1 とする 2^3 要因計画となり，直感的によいと思われる計画と一致します．この計画は，x_1, x_2, x_3 の列ベクトル間の相関がすべて 0 となる直交計画です．

　一方，$N = 10$ とすると D-最適計画では列ベクトル間の相関に 0 とならないものがあり，直交計画にはなりません．D-最適計画では，与えられたモデル，実験回数の下で，できる限り推定値ベクトルが直交するような計画になります．このように最適計画では，モデル，実験可能領域，実験回数に対して柔軟に計画が求められるのが特徴です．言い換えると，モデルに依存した計画になり，モデルが真の応答関数と乖離する場合に対する配慮が一般にはありません．

（山田 秀）

Q34. **D-最適計画**などの最適計画をソフトウェアで出力した後，その計画をどのように評価したらよいかを教えてください．

A34. 最適計画を出力した後には，つぎの視点から計画を評価するとよいでしょう．

- 求めようとしている効果間の直交性．例えば，2 つの主効果を求めようとしているときに，これらが直交しているかどうかを考えます．

- 求めようとしている効果と，より高次の効果との直交性．例えば，2 つの主効果を求めようとしているときに，これらの主効果と，2 因子交互作用が直交しているかどうかを考えます．

- 効果の検出力．効果の大きさを与えた下で，どの程度の確率でそれが検出できるかなど．本事例では，この検出力の分析をしています．

- 因子の水準を変化させたときの予測値の分散の変化．予測値の分散が全体的に小さいか，特定の水準のときに大きくなってしまうかなどを検討します．　**(山田 秀)**

Q35. 計数値データの解析に用いられる（経験）**ロジット変換**について教えてください．

A35. 今回，経験ロジット変換は，クロメート処理における新処理液での加工条件の最適化を目的に，加工品質特性である面積率を応答の 1 つにしたことにより活用しています．なぜなら，面積率のような比率データを応答にした場合，特に 0，1 近傍では加法性が成立しないからです．その概要を**図 14.12** に示します．

　このため，多応答により比率データの応答をモデルにより予測するには，何らかの変数変換が必要になります．そこで一般的に，比率データの変換に対しては以下のロジット変換により加法性を確保します．例えば，前述のとおり n と z をデータの個数，発生個数とすると白錆発生率 p は $\frac{z}{n}$ であり，ロジット変換はつぎのとおりとなります．

$$L\left(p\right) = \ln \frac{p}{1-p}$$

しかしこの変換式では，比率データが 0 や 1 となる場合，変換ができないという欠点があります．この欠点を回避するため，経験ロジット変換では，不良率を

$$p^* = \frac{z+0.5}{n+1}$$

のように若干修正後,

$$L\left(p^*\right) = \ln \frac{p^*}{1 - p^*} = \ln \frac{z + 0.5}{n - z + 0.5}$$

としてロジット変換して実践的に活用します.

(澤田昌志,角谷幹彦)

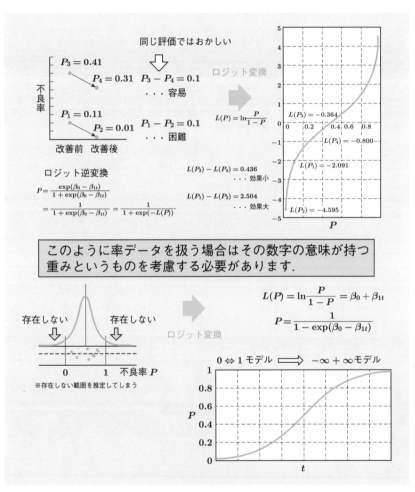

図 14.12　比率データで加法性が成立しない例とその対応

15 ワイヤー溶接破断の シミュレーション実験 の活用による低減

要旨 本事例では，IC 基板上でのワイヤー溶接部の破断を防止するために，コンピュータシミュレーションを実験計画法により効果的に活用している．この溶接工程において，IC 基板上に超音波振動を与えながらワイヤーを溶接する際，ワイヤー幅，ワイヤー高さ，ワイヤー線径，周波数の特定の条件によって共振が生じ，接合部の応力が増大化し破断する場合がある．本事例では，シミュレーションによる実験結果をもとに，接合部の応力とワイヤー幅，ワイヤー高さ，ワイヤー線径，周波数について取り扱いやすい近似的な関数を求め，破断の生じない生産条件を導いている．

読みどころ ワイヤー接合部の応力を求めるシミュレーションは計算時間がかかることから，30 回のシミュレーション実験結果をもとに，シミュレーションの近似関数を求め活用している．その際，応答と因子の近似関数として，2 次モデルなどの多項式モデルではあてはまりが悪いことから，動径基底関数に着想を得た非線形モデルを活用している．このような近似関数を導く際，その形状の複雑さから要因計画ではなく，空間を広範囲で網羅する一様計画を用いている．さらに，求めた近似関数をもとに，共振が発生しない条件がわかるように，等高線，3 次元表現を活用している．シミュレーション結果の近似関数を求める場合はしばしばあり，本事象はその参考となる．

15.1 IC 基板上でのワイヤー溶接の概要

15.1.1 ワイヤー溶接の概要

　ある電子部品の生産技術部では，IC 基板と電極をアルミワイヤーによって接合する技術開発をしている．その接合部の概要を，図 15.1 に示す．この接合では，まず IC とワイヤーを**超音波振動**を与えながら溶接し，後に電極とワイヤーを同様に溶接する．その電極への溶接の際，ワイヤー幅，ワイヤー高さ，ワイヤー線径，周波数が特定の条件になると**共振**が生じ，最初に溶接した箇所の応力が増大化し，最初に溶接した箇所が破断するという問題が生じる．生産条件を求める際には，この

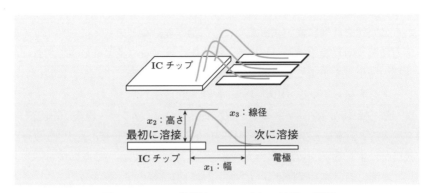

図 15.1 **IC の基板上へのワイヤー溶接の概要**

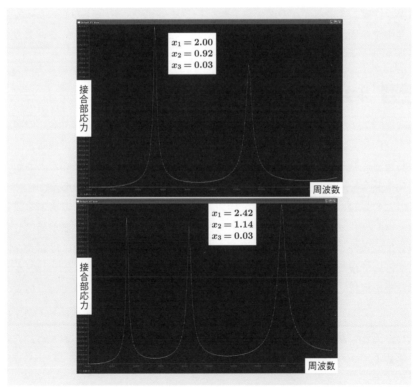

図 15.2 シミュレータの出力例

共振の発生を避けるように，ワイヤー幅，ワイヤー高さ，ワイヤー線径，周波数を選定する必要がある．

　これらの問題を詳細に検討するために，振動の理論などをもとに，ワイヤーで生じる応力に関する理論を検討している．その際，単純なワイヤー形状であれば理論的に共振の発生点を予測できるので，形状をいくつか設定して，それに基づいてシミュレータを開発している（山崎, 増田, 吉野 (2005)）．この応力シミュレータでは，x_1：ワイヤー幅 (mm)，x_2：ワイヤー高さ (mm)，x_3：ワイヤー線径 (mm)，f：周波数を与えると，電極とワイヤーの溶接時に生じる，最初に溶接した IC とワイヤーの溶接箇所に生じる y：応力を出力する[1]．シミュレータの出力結果の例を，図 15.2 に示す．この図において，縦軸は y：応力，横軸は溶接時の f：周波数である．またこの図は，幅：$x_1 = 2.00$ (mm)，高さ：$x_2 = 0.92$ (mm)，直径：$x_3 = 0.03$ (mm) という水準と，これとは若干異なる $x_1 = 2.42$，$x_2 = 1.14$，$x_3 = 0.03$ (mm) という水準で作成している．この図からもわかるとおり，x_1，x_2，x_3 の値によって，共振が発生する周波数が大きく異なる．そこで，これらの共振が発生しないような生産条件を設定する必要がある．

15.1.2　本事例の技術的課題

　前述の因子 x_1，x_2，x_3，f のうち，x_1：幅，x_3：線径は，基板設計などの前工程で決まってくる．一方，x_2：高さ，f：周波数は，この生産設計段階で決定することができる．これらを踏まえると，x_1：幅，x_3：線径の水準が与えられたときに，共振が発生しないように x_2：高さ，f：周波数を適切に求める必要がある．

　このためには，x_1，x_3 の水準が与えられたときに多数の x_2，f の水準を設定してシミュレーションを実施し，共振が発生するかどうかを求め，共振が発生しない水準を生産条件として用いることが考えられるが，この繰返し計算には膨大な回数を要するので現実的ではない．そこで，実施可能な数十回程度のシミュレーション実験結果を解析し，y：応力と x_1，x_2，x_3，f に関する取り扱いやすい近似式

$$y = g(x_1, x_2, x_3, f) \tag{15.1}$$

を求め，それに基づいて x_1，x_3 が与えられたときに共振が発生しない x_2，f の水準を求める．

---

[1]FEMAP v.8.2.1+CAFEM v.8.0 で作成している．

シミュレーション実験のための一様計画とそのデータ解析

15.2.1　**実験の計画**

今回対象となる水準の範囲をまとめると，表 15.1 のとおりとなる．例えば，x_1：幅には部品設計の都合上，最小で 2，最大で 4（mm）に変わる．また，ワイヤーの x_2：線径には多少の変動があるものの，主に 0.03 と 0.04（mm）が用いられる．さらに，生産設計段階で水準指定が可能な x_2：高さについては，下限が 0.5，上限が 1.5（mm）である．加えて，周波数については共振の発生を綿密に把握するために，10000 から 1000 刻みで 210000（Hz）まで 201 水準を設定する．このくらいの水準間隔にしないと，水準があらすぎて共振の発生水準を見落としてしまう可能性があるからである．

表 15.1　シミュレーション実験計画の概要

	幅（mm）	高さ（mm）	線径（mm）	周波数（Hz）
	x_1	x_2	x_3	f
下限	2.00	0.50	0.03	10000
上限	4.00	1.50	0.04	210000

つぎに，式 (15.1) を求めるために，x_1，x_2，x_3 の水準組合せをいくつか定め，それぞれの組合せの下で共振がどのように発生するのかを調べる．その概要を，表 15.2 に示す．取り上げる因子のうち，x_1，x_2 の水準は一様計画にて設定する．この表に示すとおり，最初に溶接した箇所において周波数 f で生じるモーメント y は，x_1，x_2，x_3 の水準，周波数 f とともに変わり，その関係は複雑なので，種々のモデルをあてはめられる計画が望まれる．そのために，章末の Q&A にその概要を紹介している一様計画を用いる．**一様計画の詳細**については，Fang, Li and Sudijianto (2005) を参照されたい．一様計画は，それぞれの因子に実験点を射影したときにそれらが等間隔に並ぶ．また，p 次元空間上で実験点が概ね均等に配置されるという性質があり，種々のモデルのあてはめが可能になる．一方，x_3：線径については，実際的に 0.03，0.04（mm）のどちらかで用いられることが多いのでこの 2 水準とする．そして，x_1，x_2 を実験回数 15 の一様計画で設定し，それを x_3 の 2 水準それぞれに組み合わせて全部で 30 の実験とする．この 30 回の実験すべてにおいて，f：周波数を 10000 から 210000 まで 1000 刻みで変化させ，それぞれの水準で最初に溶接した箇所の y：応力をシミュレーションにより求める．

表 15.2 一様計画によるシミュレーション実験の概要

No.	幅 x_1	高さ x_2	線径 x_3	モーメント y_f $(\times 10^{-5}$ (N)) y_{10000}	y_{11000}	y_{12000}	$\cdots$	y_{210000}
1	2.00	0.92	0.03	8.907	8.627	8.455	$\cdots$	27.681
2	2.14	1.36	0.03	7.698	7.668	7.726	$\cdots$	64.585
3	2.29	0.57	0.03	11.603	11.101	10.752		7.734
4	2.42	1.14	0.03	6.756	6.631	6.589		28.603
5	2.57	0.71	0.03	9.036	8.696	8.470		10.234
6	2.71	1.50	0.03	6.221	6.332	6.541		29.321
7	2.86	1.00	0.03	5.887	5.726	5.644		1.588
8	3.00	0.79	0.03	6.644	6.380	6.205		21.108
9	3.14	1.29	0.03	5.076	5.081	5.164		3.711
10	3.29	0.50	0.03	9.904	9.432	9.083		63.711
11	3.43	1.21	0.03	4.607	4.592	4.650		17.817
12	3.57	0.86	0.03	5.206	5.009	4.881		80.930
13	3.71	1.43	0.03	4.452	4.618	4.895		21.818
14	3.86	0.64	0.03	6.381	6.051	5.796		63.963
15	4.00	1.07	0.03	4.029	3.957	3.952		162.650
16	2.00	0.93	0.04	31.007	27.983	26.169		12.301
17	2.14	1.36	0.04	22.814	21.103	20.180		204.710
18	2.29	0.57	0.04	44.881	40.522	37.752		31.611
19	2.42	1.14	0.04	22.335	20.350	19.200		129.050
20	2.57	0.71	0.04	33.513	30.353	28.371		33.596
21	2.71	1.50	0.04	17.882	16.705	16.155		108.080
22	2.86	1.00	0.04	21.060	19.094	17.910		62.930
23	3.00	0.79	0.04	25.410	22.946	21.397		21.661
24	3.14	1.29	0.04	16.314	15.023	14.326		20.344
25	3.29	0.50	0.04	38.940	35.308	32.928		134.990
26	3.43	1.21	0.04	15.394	14.136	13.434		38.000
27	3.57	0.86	0.04	19.836	17.965	16.780		78.349
28	3.71	1.43	0.04	13.303	12.455	12.090		44.837
29	3.86	0.64	0.04	25.328	22.894	21.282		132.940
30	4.00	1.07	0.04	14.509	13.220	12.445	$\cdots$	182.500

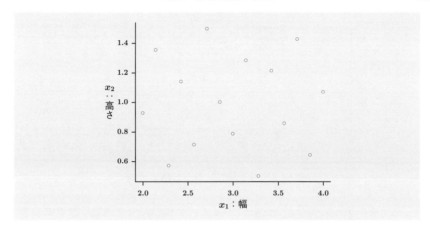

図 15.3　一様計画による幅：x_1，線径：x_2 の実験水準

　実験回数 15 で x_1：幅，x_2：高さの一様計画を生成した結果について，散布図を図 15.3 に示す．この図から，x_1 あるいは x_2 に 15 の実験点を射影すると，それらが等間隔になることが確認できる．また x_1，x_2 平面で見ると，実験点がまばらに布置されていることが確認できる．これにより，複雑な関数などを含むさまざまなモデルの適用が可能となる．この x_1，x_2 の一様計画を，x_3 の 0.03，0.04 のそれぞれと組み合わせた実験計画を表 15.2 に示す．

　これらの x_1，x_2，x_3 の水準組合せのそれぞれで，周波数 f を 1000 から 210000 と変化させ，最初に溶接した箇所に生じるモーメント y_f をシミュレータで求める．その計算結果についても，併せて表 15.2 に示す．紙数の都合上すべてのデータを掲載してはいないが，このデータはダウンロード可能である[2]．

15.3　応答関数の近似

15.3.1　近似関数としての動径基底関数

　表 15.2 のように求めた計算結果について，実験 No.1 と 4 を例として図 15.4 に示す．この図から，No.1 と No.4 では x_1：幅，x_2：高さは異なるが，x_3：線径は同じである．シミュレーションを行った周波数の範囲では，No.1 において共振が 2 回，No.4 において共振が 3 回発生していて，これらが発生する周波数は異なっている．これらの共振が発生すると，最初に溶接した箇所に発生する応力が跳ね上がり，

---

[2] サイエンス社のホームページよりダウンロード可．

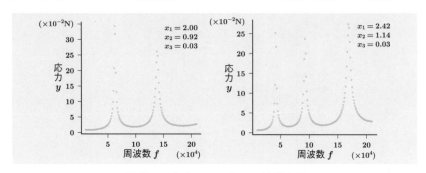

図 15.4 シミュレーション結果の例

溶接した箇所の破断につながる. したがって, 共振の発生を適切に表現するモデルを求め, それを用いてこの工程で制御可能な x_2：高さと f：周波数を決める.

また, この図からわかるとおり, 応答と因子の滑らかな関数ではなく, いくつかの周波数で突発的に応力が急上昇する. したがって, 多項式のあてはめや, 三角関数に基づくあてはめも実用的に有益な近似式にはならない. 本事例ではこの形状を考慮し, **動径基底関数**から着想を得た

$$y = b_0 + b_1 f + a_1 \exp\left(\frac{f - m_1}{s_1}\right)^2$$
$$+ a_2 \exp\left(\frac{f - m_2}{s_2}\right)^2 + \cdots + a_K \exp\left(\frac{f - m_K}{s_K}\right)^2$$

という近似式を考える. この近似式のあてはめの例を, 図 15.5 に示す. この近似式において, K は対象周波数範囲内での共振の発生回数をあらわす. また b_0, b_1 は全

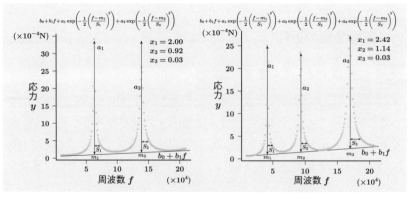

図 15.5 動径基底関数に基づくモデルの概要

体的な傾向であり，周波数が増加すると共振が発生していなくとも，モーメントが上昇するという全体的な傾向をあらわす．加えて，第 k 番目（$k = 1, \ldots, K$）の共振の周波数を m_k，そのときの共振の大きさを a_k，共振の周波数の広がりを s_k であらわす．

実験番号 1 から 30 のそれぞれにおいて，式 (15.2) をあてはめる．つぎに，実験番号 1 から 30 のそれぞれで求められた $b_0, b_1, a_1, m_1, s_1, a_2, m_2, s_2, \ldots, a_K, m_K, s_K$ を目的変数，x_1，x_2，x_3 を説明変数として近似関数を求める．すなわち，

$$
\begin{aligned}
y(x_1, x_2, x_3, f) = {} & b_0(x_1, x_2, x_3) + b_1(x_1, x_2, x_3)\, f \\
& + a_1(x_1, x_2, x_3) \exp\left(\frac{f - m_1(x_1, x_2, x_3)}{s_1(x_1, x_2, x_3)}\right)^2 + \\
& + a_2(x_1, x_2, x_3) \exp\left(\frac{f - m_2(x_1, x_2, x_3)}{s_2(x_1, x_2, x_3)}\right)^2 + \cdots \\
& + a_K(x_1, x_2, x_3) \exp\left(\frac{f - m_K(x_1, x_2, x_3)}{s_K(x_1, x_2, x_3)}\right)^2
\end{aligned}
\tag{15.2}
$$

を考える．

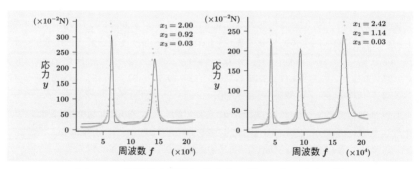

図 15.6 動径基底関数に基づくモデルのあてはめの例

図 15.5 に示す 2 つの例について，動径基底関数に基づくモデルをあてはめた結果を図 15.6 に示す[3]．この左側図の場合には，$x_1 = 2.00$，$x_2 = 0.92$，$x_3 = 0.03$ であり，非線形最小 2 乗法に基づくパラメータの計算結果は

$$
\begin{aligned}
& b_0 = 17.670, \quad b_1 = 0.623, \\
& a_1 = 282.1, \quad m_1 = 6.343, \quad s_1 = 0.205 \\
& a_2 = 198.0, \quad m_2 = 13.930, \quad s_2 = 0.391
\end{aligned}
$$

---

[3] 式 (15.2) のあてはめに際しては，統計ソフトウェア R の非線形最小 2 乗法を用いる．

となる．これらの結果を求める際，共振の個数 K をグラフから視覚的に判断し，つぎに非線形最小2乗法によりあてはめパラメータを求めている．これと同様に，すべての実験それぞれに対して，式 (15.2) のあてはめを非線形最小2乗法で行った結果について，表 15.3 に示す．この表において空欄は，3つ目の共振が発生してい

表 15.3　動径基底関数に基づくモデルによる実験ごとのあてはめ結果

x_1	x_2	x_3	b_0	b_1	a_1	m_1	s_1	a_2	m_2	s_2	a_3	m_3	s_3
2.00	0.93	0.03	17.67	0.623	282.1	6.343	0.205	198.0	13.930	0.391			
2.14	1.36	0.03	21.54	1.824	302.6	3.842	0.128	292.9	8.181	0.234	302.9	14.860	0.393
2.29	0.57	0.03	8.96	−0.090	40.9	7.422	0.194	15.1	18.500	0.363			
2.43	1.14	0.03	12.33	1.322	218.1	4.241	0.141	178.7	9.313	0.258	205.6	16.940	0.439
2.57	0.71	0.03	7.58	0.261	111.0	5.699	0.178	95.3	13.670	0.395			
2.71	1.50	0.03	18.51	1.341	191.6	2.842	0.104	207.0	6.130	0.174	220.8	11.150	0.301
2.86	1.00	0.03	10.88	−0.063	113.9	3.951	0.132	80.2	9.102	0.258	73.5	16.331	0.454
3.00	0.79	0.03	0.59	0.586	45.0	4.216	0.157	28.5	10.330	0.245	59.8	18.110	0.500
3.14	1.29	0.03	16.78	−0.217	157.5	2.893	0.074	112.7	6.481	0.180	125.0	11.758	0.347
3.29	0.50	0.03	−11.74	2.958	62.3	4.222	0.178	34.8	11.114	0.154	288.2	17.869	0.495
3.43	1.21	0.03	9.25	0.031	109.6	2.710	0.076	75.3	6.254	0.180	72.7	11.250	0.315
3.57	0.86	0.03		1.061	29.5	3.089	0.074	21.2	7.688	0.138	59.1	13.309	0.309
3.71	1.43	0.03	11.54	−0.095	98.8	2.186	0.070	87.2	4.933	0.142	92.3	8.929	0.261
3.86	0.64	0.03	−6.81	2.330	31.0	3.022	0.134	20.4	7.821	0.112	164.7	12.834	0.355
4.00	1.07	0.03		0.871	31.3	2.348	0.111	31.7	5.714	0.148	6.0	10.000	0.050
2.00	0.93	0.04	52.26	−1.634	671.6	8.396	0.284						
2.14	1.36	0.04	37.93	4.022	763.7	5.101	0.160	597.9	10.820	0.301	645.3	19.640	0.493
2.29	0.57	0.04	31.38	−0.272	70.7	9.843	0.050						
2.43	1.14	0.04	29.72	1.670	531.0	5.625	0.182	330.4	12.305	0.331			
2.57	0.71	0.04	23.16	−0.468	227.2	7.523	0.239	155.6	18.090	0.570			
2.71	1.50	0.04	33.48	2.874	525.7	3.781	0.119	417.2	8.120	0.226	473.4	14.780	0.391
2.86	1.00	0.04	17.04	0.419	272.3	5.232	0.174	116.0	12.040	0.299			
3.00	0.79	0.04	17.83	−0.626	84.6	5.573	0.150	8.2	13.995	0.353			
3.14	1.29	0.04	25.53	0.505	316.4	3.829	0.125	206.0	8.584	0.234	248.1	15.560	0.433
3.29	0.50	0.04	22.72	0.754	217.0	5.538	0.161	118.5	14.752	0.309			
3.43	1.21	0.04	21.30	−0.345	252.7	3.604	0.099	128.0	8.289	0.227	117.1	14.870	0.407
3.57	0.86	0.04									255.7	17.688	0.892
3.71	1.43	0.04	20.49	0.322	281.0	2.894	0.076	161.7	6.544	0.182	179.7	11.830	0.329
3.86	0.64	0.04	−31.61	7.409	108.1	3.992	0.208	32.9	10.362	0.092	597.2	16.780	0.455
4.00	1.07	0.04		19.129	75.9	3.108	0.072	35.1	7.585	0.115	100.6	13.345	0.362

ない，その項を含めると収束しない，あるいは，含めない方があてはまりがよいな
ど，計算結果を見ながら経験的に判断してあてはめの対象から外していることを意
味する．

つぎに，表 15.3 の b_0, b_1, a_k, m_k, s_k を，x_1, x_2, x_3 の 2 次モデルにより近
似する．例えば b_0 の場合には，表 15.3 の b_0 を目的変数に，x_1, x_2, x_3 を説明変
数として最小 2 乗法により $F = 2$ を目安に変数選択をすると，

$$\widehat{b_0} = -98.48 + 16.451x_1 - 37.588x_2 + 5718.213x_3$$
$$+ 19.170x_1x_2 - 1494.2x_1x_3$$

となり，自由度調整済み寄与率は 0.783，残差標準偏差とその自由度はそれぞれ 7.692，
20 である．これと同様に，b_1, a_1, m_1, s_1 などのパラメータを x_1, x_2, x_3 で近
似した結果を表 15.4 に示す．この表から共振が発生する周波数 m_1, m_2, m_3 は自
由度調整済み寄与率 R^* が 0.9 を超え，また残差標準偏差 s_e も 1 以下であり，あて
はめの結果は良好といえる．

前工程で決められる x_1：幅，x_3：直径の水準をもとに，共振が発生しない x_2：高
さ，f：周波数を求めるために，表 15.4 の推定結果を式 (15.2) に代入し，モーメン
ト y の近似値を求める．この表の推定結果を代入した式 (15.2) に基づく計算は容易
であることから，所与の x_1, x_3 の水準における y の x_2, f に対する挙動を，等高
線，3 次元表現で視覚化し，共振が発生しない x_2：高さ，f：周波数の条件を求める．
図 15.7 に，(a) $x_1 = 2.00$, $x_3 = 0.03$, (b) $x_1 = 3.00$, $x_3 = 0.04$, (c) $x_1 = 4.00$,
$x_3 = 0.04$ の場合を例に，y：モーメントの x_2, f に対する等高線と 3 次元図を示す．

例えば，前工程から (a) $x_1 = 2.00$, $x_3 = 0.03$ が指定された場合には，$(x_2 =
0.6, f = 4 \times 10^4)$，あるいは，$(x_2 = 0.6, f = 13 \times 10^4)$ の近傍に条件を選ぶと，共
振の発生から遠く，最初に溶接した箇所の破断の防止になる．この y の x_1, f に対
する形状は，図 15.7 の (b), (c) からもわかるように，x_1, x_3 の水準によって変化
する．式 (15.2) に基づく近似値の計算は瞬時に終わるので，同様な図を作成し，共
振が発生しない条件を求めることにする．このような運用により，前工程からの x_1,
x_3 の水準をもとに，共振の恐れがない x_2, f が瞬時に求められ，安定した生産がで
きるようになる．

表 15.4　因子 x_1，x_2，x_3 によるパラメータの表現

	b_0	b_1	a_1	m_1	s_1
定数	-98.480	53.318	-741.214	14.529	0.346
x_1	16.451	-32.132	12.918	-6.357	-0.043
x_2	-37.588	16.316	243.937	-10.155	-0.077
x_3	5718.213	-1123.328	32742.340	391.913	
x_1x_2	19.170	-5.382	-258.660	2.790	
x_1x_3	-1494.156	432.994	-12440.672	-59.366	
x_2x_3			22628.291	-86.738	
x_1^2		4.100	86.745	0.594	
x_2^2				0.812	
R^*	0.783	0.398	0.852	0.991	0.376
s_e	7.692	2.939	74.127	0.184	0.044
ϕ_e	20	22	21	20	26

	a_2	m_2	s_2	a_3	m_3	s_3
定数	-338.412	35.903	0.183	8.648	26.669	0.640
x_1	-73.600	-12.574	-0.164	-171.540	-4.544	-0.146
x_2	-125.277	-27.881	-0.545	-1261.774	-8.491	-0.323
x_3	30632.558	742.109	44.554	57565.034	347.815	17.299
x_1x_2	-184.550	6.220	0.277			
x_1x_3	-10520.698	-87.315	-7.915			
x_2x_3	10479.740	-195.386	-12.565	-30994.443		
x_1^2	80.771	0.858				
x_2^2	266.387	3.426		1045.883		
R^*	0.915	0.990	0.882	0.764	0.939	0.449
s_e	40.140	0.371	0.038	85.972	0.739	0.115
ϕ_e	18	18	20	15	16	16

R^*：自由度調整済み寄与率，s_e：残差標準偏差，ϕ_e：残差標準偏差の自由度，空欄は選択されていないことをあらわす.

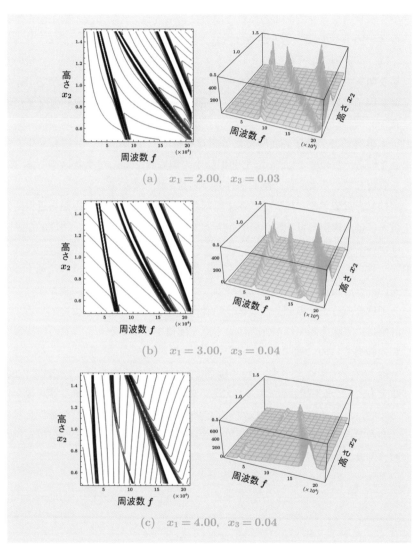

(a) $x_1 = 2.00,\ x_3 = 0.03$

(b) $x_1 = 3.00,\ x_3 = 0.04$

(c) $x_1 = 4.00,\ x_3 = 0.04$

図 15.7　y：モーメントの x_2：高さ，f：周波数に対する等高線と 3 次元表現

15.4　本事例のポイント

(1)　一般に，シミュレーションにおけるデータ収集とその解析のねらいには，(a) シミュレーションモデルの簡単な関数による近似，(b) 多数の因子から重要な少数の因子への絞り込みがあげられ，本事例は (a) の典型例である．この (a) には，本事例のようにシミュレーション実験によりデータを収集し，扱いが容易な関数で近似をし，目的に合わせてその近似式を活用する．なお，(b) の重要な因子の絞り込みの場合には，一部実施計画，過飽和実験計画などが役に立つ．

(2)　本事例では，動径基底関数に着想点を得て，式 (15.2) で共振の発生を近似している．この中では，m_k で共振発生の周波数を，a_k で共振時のモーメントを表現しているように，解釈が容易な関数を求めている．シミュレーション実験結果を近似するには，さまざまな関数が考えられる．その中から近似関数を選ぶには，推定の可能性，モデルのあてはまりのよさに加え，物理的な意味づけが容易なものを選ぶとよい．

(3)　一般に，1 次モデル，2 次モデルなどの単純なモデルあてはめに適するのは要因計画，複合計画である．本事例では動径基底関数に基づく複雑なモデルをあてはめることを考慮し，これらの計画ではなく一様計画を用いている．一様計画は，実験空間上にバランスよく点を配置することから，これらの複雑なモデルのあてはめに適する．

(4)　前工程で決まる x_1：幅，x_3：線径の条件が与えられた下で，求めた近似関数をもとに，y：接合部の応力の x_2：高さ，f：周波数に対する等高線を作成している．これにより，共振の発生する条件から離れた安定した条件を求めることができている．この近似関数の計算は容易であり，このような視覚化が可能であり，実用的である．

Q & A

A36. 一様計画とは，2因子の適用例を本事例の図 15.3 に示しているように，実験可能領域に一様に実験点を設定する計画です．より詳細には，それぞれの因子に射影すると水準が等間隔に並び，p 因子で考えると p 次元での布置を独立な p 次元の一様分布にできるだけ近付くように決めている計画です．図 15.3 の場合には，縦軸，あるいは，横軸に実験点を射影すると，等間隔に 15 点が並んでいます．また 2 次元で考えると，全体的にまんべんなく平面上に実験点が付置されています．

　一様計画は，本事例のような非線形モデルに基づくモデルあてはめに効果的です．すなわち，2 水準の計画では 1 次モデル，3 水準の計画では 2 次モデル，4 水準の計画では 3 次モデルに基づく解析が一般には可能になります．一様計画では，多水準でまんべんなく実験点を付置しているので，多項式モデルのみならず，ガウス過程回帰，各種カーネルに基づくモデルなどのさまざまなモデルに基づく解析が可能になります．

(山田 秀)

A37. 一様計画は，p 個のそれぞれの因子について m 水準が等間隔という条件の下に，p 個の因子全体で考えたときに独立な p 次元の一様分布にできるだけ近付くように実験点を決めている計画です．この計画を導き出すには，繰返し計算が必要になります．

　これと似たようなものに，Latin Hypercube サンプリングに基づく Latin Hypercube 計画があります．Latin Hypercube 計画では，p 個の因子のそれぞれを m 個の区間に区切り，全部で m^p の立方体を考えます．これらの m^p 個の立方体の中から，それぞれの因子に射影すると m 個の区間それぞれ 1 つずつが選ばれているという制約の下に，m 個の立方体を選びます．このようにして選んだ m 個の立方体の中では，実験点を無作為に選びます．図 15.8 のように，$p = 2$，$m = 5$ の例を考えます．全部で $5^2 = 25$ のマスがあり，x_1，x_2 のそれぞれに射影したときに，それぞれの区間から 1 つずつ選ばれるという制約の下に，全部で 5 個のマスを無作為に選んでいます．これらの 5 個のマスの中では，実験点を無作為に選んでいます．このようなサンプリングの仕方を Latin Hypercube サンプリングと呼びます．

実験点がまんべんなく分布するかどうかを，独立な p 変数の一様分布との近さで測るなら，一様計画の方が Latin Hypercube 計画よりも優れています．一方，計算時間の点からは，乱数に基づいて生成できる Latin Hypercube 計画の方が優れています．因子数 p や水準数 m がそれぞれ 2, 15 というように小さく，計画を一揃い作成したら完了する場合には，一様計画を用いるのがよいでしょう．これに対して，因子数や水準数が多く，さらに，繰り返して何度も計画を構成するような大規模シミュレーションの場合には，計算時間に優れる Latin Hypercube 計画の方がよいでしょう．

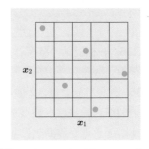

図 15.8 **Latin Hypercube** サンプリングの例

(山田 秀)

参考文献

第 3 章

- 岩瀬広典, (1998), アクチュエーター体化 ECU の放熱設計の最適化, 「経営者・管理者・スタッフ大会」発表報文集, 中部品質管理協会, pp.101–107.
- 真壁 肇, 鈴木和幸, 益田昭彦, (2002), 品質保証のための信頼性入門, 日科技連出版社.
- 谷津 進, (1991), すぐに役立つ実験の計画と解析, 日本規格協会.

第 4 章

- 澤田昌志, (1996), シミュレーションによる油圧特性解析法の確立, 日本品質管理学会年次大会発表報文集.

第 5 章

- 小泉義樹, (1993), クランクシャフトのピン・ジャーナル部精度の確保, 第 43 回部課長・スタッフ品質管理大会 報文集, 日本科学技術連盟, pp.115–120.

第 6 章

- 田口玄一著, (1976), 実験計画法上 第 3 版, 丸善, p.348.

第 7 章

- 嶋崎 亨, 片桐正義, (1996), 関連部署との連携による鳴きにくいリアキャリパの開発, 「経営者・管理者・スタッフ大会」発表報文集, 中部品質管理協会, pp.31–40.

第 8 章

- 平野光敏, (1986), ロストフォーム鋳造品の鋳肌粗さ向上対策, 品質管理, Vol.37, 11 月臨時増刊号, pp.289–294.

第 9 章

- 馬場幾郎, (1992), 転写性の技術開発, 日本規格協会.
- 福原俊之, 花村和男, (2003), 焼結部品の品質と生産性を高める粉末成形における粉末供給方法の最適化, QES2003 第 11 回品質工学研究発表大会, 品質工学会, pp.190–193.
- 原 和彦, (2002), 試作レスの設計・技術手段の評価, 品質工学, Vol.10, 臨時増刊号, pp.35–40.

- 田口玄一, (1994), 品質工学応用講座 技術開発のための品質工学, 日本規格協会.
- 田口玄一, (2002), 音の計測 SN 比と合わせ込み, 標準化と品質管理, Vol.55, No.10, pp.85–92.
- 立林和夫, (2004), 入門タグチメソッド, 日科技連出版社.

第10章

- 宮川, 永田, (2022), タグチメソッドの探究 — 技術者の疑問に答える 100 問 100 答–, 日科技連出版社.

第11章

- 立林和夫, (2004), 入門タグチメソッド, 日科技連出版社.
- 山田秀, 立林和夫, 吉野睦, (2012), パラメータ設計・応答曲面法・ロバスト最適化入門, 日科技連出版社.

第12章

- 田口玄一, (1988), 品質工学講座 3 品質評価のための SN 比, 日本規格協会.
- 八丹正義, 高渕泰治, 国分正義, (1995), 課題解決型 QC ストーリーに役立つ手法, 日科技連出版社.
- 新 QC 七つ道具研究会, (1984), やさしい新 QC 七つ道具, 日科技連出版社.
- 仁科健, (2006), 統計的工程管理と管理図, 品質管理と標準化セミナーテキスト, 日本規格協会.

第13章

- Ambastha, M., Sengupta, Pais, S. R. and Reyaz, M., (2011), Improvement in zinc yield at continous galvalizing line 1, Proceedings of Asian Network for Quality Congress - 2011, Ho Chi Minh.

第14章

- 芳賀敏郎, (2000),「JMP Ver. 4 による実験計画法入門—ハンズオン・ワークショップ配布資料—」.
- 芳賀敏郎, (2002), JMP による最適実験の計画と多特性の最適化, SUGI-J, pp.425–432.
- 葛谷和義, (2002), JMP ソフトウェアによる表面処理工程の最適化事例, SUGI-J, pp.433–440.

第 15 章

- 山崎康櫻, 増田道弘, 吉野睦, (2005), Al ワイヤボンディングにおけるループ共振の解析, 11th Symposium on Microjoining and Assembly Technology in Electronics, 2 月 3–4 日, 横浜.
- Fang, K. T., Li, R. and Sudjianto, A., (2006), Design and Modeling for computer experiments, Chapman and Hall/CRC.

索　引

編著者，著者略歴

山 田　　秀　（編著者）
やま　だ　　しゅう

1993 年　東京理科大学 大学院工学研究科 博士課程 修了（博士（工学））
現　　在　慶應義塾大学 理工学部 管理工学科 教授
主 要 著 書
実験計画法–方法編–（日科技連出版社，2004 年），–活用編–（編著，日科技連出版社，2004 年）
The grammar of technology development（編著，Springer，2008 年）
統計的データ解析の基本（共著，サイエンス社，2019 年），他

葛 谷 和 義　（著者）
くず　や　かず　よし

1963 年　愛知県立愛知工業高等学校 機械科 卒業
1973 年　日本電装株式会社（現 株式会社デンソー）入社，2004 年退社
主 要 著 書
インテリジェンス管理図のすすめ（共著，日本規格協会，2003 年）
実験計画法–活用編–（共著，日科技連出版社，2004 年）
おはなし統計的方法（共著，日本規格協会，2005 年）

久 保 田 享　（著者）
く　ほ　た　すすむ

1987 年　東京理科大学 理学部第一部 応用数学科 卒業
現　　在　株式会社豊田自動織機 品質統括部
主 要 著 書
実験計画法–活用編–（共著，日科技連出版社，2004 年）

澤 田 昌 志　（著者）
さわ　だ　まさ　し

1983 年　豊橋技術科学大学 電気・電子工学課程 卒業
現　　在　株式会社アイシン TQM 推進部 基盤強化室 主査
主 要 著 書
実験計画法–活用編–（共著，日科技連出版社，2004 年）

角 谷 幹 彦　（著者）
すみ　や　みき　ひこ

1990 年　愛媛大学 工学部 金属工学科 卒業
現　　在　株式会社アイシン TQM 推進部 業務品質改善室 データ活用推進グループ グループ長

吉 野　　睦　（著者）
よし　の　　むつみ

2008 年　名古屋工業大学 大学院社会工学専攻 博士後期課程 修了（博士（工学））
現　　在　株式会社デンソー モノづくり DX 推進部 工場 DX 室
主 要 著 書
シミュレーションと SQC，JSQC 選書 10（共著，日本規格協会，2009 年）
開発・設計における"Q の確保"（共著，日本規格協会，2010 年）
パラメータ設計・応答曲面法・ロバスト最適化入門（共著，日科技連出版社，2012 年）

ライブラリ データの収集と解析への招待＝6

実験計画法の活かし方
技術開発事例とその秘訣

2023 年 9 月 10 日 ⓒ　　　　　　　　　初 版 発 行

編著者	山 田　　秀	発行者	森 平 敏 孝
著　者	葛 谷 和 義	印刷者	小宮山恒敏
	久 保 田　享		
	澤 田 昌 志		
	角 谷 幹 彦		
	吉 野　　睦		

発行所　　株式会社 サ イ エ ン ス 社

〒 151–0051 東京都渋谷区千駄ヶ谷 1 丁目 3 番 25 号
営業 ☎ (03)5474–8500(代)　振替 00170–7–2387
編集 ☎ (03)5474–8600(代)　FAX ☎ (03)5474–8900

印刷・製本　小宮山印刷工業（株）

《検印省略》

本書の内容を無断で複写複製することは，著作者および
出版者の権利を侵害することがありますので，その場合
にはあらかじめ小社あて許諾をお求め下さい．

サイエンス社のホームページのご案内
https://www.saiensu.co.jp
ご意見・ご要望は
rikei@saiensu.co.jp　まで．

ISBN 978-4-7819-1577-7

PRINTED IN JAPAN

ガイダンス 確率統計
基礎から学び本質の理解へ

石谷謙介著　2色刷・A5・本体2000円

概説 確率統計 ［第3版］

前園宜彦著　2色刷・A5・本体1500円

コア・テキスト　確率統計

河東監修・西川著　2色刷・A5・本体1800円

確率統計の基礎

和田秀三著　A5・本体1480円

理工基礎　確率とその応用

逆瀬川浩孝著　2色刷・A5・本体1800円

基本演習　確率統計

和田秀三著　2色刷・A5・本体1700円

詳解演習　確率統計

前園宜彦著　2色刷・A5・本体1800円

＊表示価格は全て税抜きです.

サイエンス社

データ科学入門 I
―データに基づく意思決定の基礎―
松嶋敏泰監修　早稲田大学データ科学教育チーム著
2色刷・A5・本体1900円

データ科学入門 II
―特徴記述・構造推定・予測 ― 回帰と分類を例に―
松嶋敏泰監修　早稲田大学データ科学教育チーム著
2色刷・A5・本体2000円

統計的データ解析の基本
山田・松浦共著　2色刷・A5・本体2550円

多変量解析法入門
永田・棟近共著　2色刷・A5・本体2200円

実習 R言語による統計学
内田・笹木・佐野共著　2色刷・B5・本体1800円

実習 R言語による多変量解析
―基礎から機械学習まで―
内田・佐野(夏)・佐野(雅)・下野共著　2色刷・B5・本体1600円

＊表示価格は全て税抜きです.

サイエンス社

■**科学の最前線を紹介する月刊雑誌**　　（毎月20日刊）

数理 科学

MATHEMATICAL
SCIENCES

自然科学と社会科学は今どこまで研究されているのか──.

そして今何をめざそうとしているのか──.

「数理科学」はつねに科学の最前線を明らかにし,

大学や企業の注目を集めている科学雑誌です. **本体 954 円（税抜き）**

■**本誌の特色**■

①基礎的知識　②応用分野　③トピックス

を中心に, 科学の最前線を特集形式で追求しています.

■**予約購読のおすすめ**■

年間購読料：　11,000 円　（税込み）

　　半年間：　　5,500 円　（税込み）

（送料当社負担）

SGC ライブラリのご注文については, 予約購読者の方には商品到着後の

お支払いにて受け賜ります.

当社営業部までお申し込みください.

サイエンス社